动物的
头脑
与心灵

[德] 卡斯滕·布伦辛 著
[德] 尼古拉·伦格尔 绘
李柯薇 译

浙江教育出版社·杭州

目录

致亲爱的读者

你知道吗？蚂蚁会照镜子，海豚碰面时会喊着对方的名字打招呼，老鼠喜欢聚在一起开怀大笑，而雄性虎鲸则是不折不扣的"妈宝男"——它们到了 30 岁还离不开自己的妈妈！对许多人来说，动物不会说话，不会像人类一样思考，不能为自己做打算，这些都是显而易见的。他们相信，动物只活在当下，没有"人生经历"，更不会规划自己的未来。然而，或许他们相信的这一切，并不都是对的。

其实，说动物会思考、感觉和说话，这非常接近生物学上的事实。除此之外，动物还会回忆过去，会从过去的经历中学习；它们也有朋友，也像我们一样有喜怒哀乐，有爱憎和争执。值得注意的是，不同种类的动物，它们的表现会不一样，即使是同一种动物的不同个体，也都有自己的性格、脾气，我们也可以把这种动物个体之间的不同称为"动物个性"。

4

　　本书将带你走进行为生物学研究的大千世界，研究、解释这些人性化的情感和思维是如何随着生命进化的进程不断发展的。在书的最后，我们将一起揭开人类之所以有别于其他动物、得以取得巨大成功的秘密。亲爱的朋友，尽管我们人类比其他动物要"高级"很多，但请注意，人类也并非完美，我们也需要不断地演化和发展。

　　希望你能读有所乐、读有所获！

卡斯滕·布伦辛

社交生活

许多研究者认为，
社交生活是高级智力的真正源头。

乐趣与游戏

乐趣——动物和人类的"超级动力"！

成年美洲旱獭。

在"致亲爱的读者"中，我曾预祝各位"读有所乐"，这可不是随口一说。乐趣是大自然的原始馈赠，这个神奇的东西，可以让我们对生命中很多重要的事情保持喜爱与热情。

也许你的爸爸妈妈还有老师要来找我麻烦了，因为读完这一章，你会坚持认为学习必须要有乐趣！听到我说的这些话，你肯定在问，这样说的理由呢？来看一个动物界的例子吧。

小狗在撒欢儿玩耍的时候总是特别开心，开心到让作为旁观者的你也迫不及待地想要参与其中。实际上，很多动物都借用了游戏的方式学习成年后所需的重要生存技能。比如美洲旱獭，在幼年时期，它们就通过游戏与嬉闹的方式确定了未来的

首领。这种"选拔方式"很实用，可以避免成年后血腥的首领争夺战。许多其他动物则通过游戏和嬉闹学习如何在危险的战斗中生存得更好。

那到底是什么让人类和其他动物在游

如果细细观察，你会发现，不只有哺乳动物会游戏和玩耍，爬行动物和鱼类也会。

戏、玩耍时产生如此多的乐趣呢？下面这个思维实验，告诉了我们答案。

你有没有什么好笑的笑话？如果有，现在就讲给周围的每个人听吧！……嗯……

你们都笑了吗？太棒了！你也许不相信，但我真的知道你们笑的原因。当然，我不知道你讲了什么笑话，但我知道，笑话为什么会让人发笑，因为它给人惊喜，让人

野生仓鼠也喜欢在跑轮里转圈圈。

出乎意料。如果我们都知道接下来会发生什么，笑话也就不再好笑了。游戏也是这样。无论是可爱的小狼和同伴打闹玩耍，还是你和朋友们驰骋在足球场上，又或是你沉浸在虚幻却又激动人心的电脑游戏中……正是参与过程中那令人激动的瞬间、那不可预知的结果，带给我们无尽的乐趣。在获得乐趣这件事情上，我们和许多其他动物并无二致，它们也受到这种激励，所以玩得不知疲倦。

近来人们发现，爬行动物和鱼类也乐于游戏和玩耍。除此之外，研究者们还有新的发现。出于好奇，研究者在田野边放置了一个仓鼠跑轮，他们想知道，野生仓鼠是不是也会自己钻到跑轮中做"健身运动"。事实确实如此，它们会频繁地使用跑轮，就像那些被关在笼子里的同类一样。可是当研究者们再去观察时，发现跑轮中不仅有仓鼠和老鼠，竟然还出现了青蛙和鼻涕虫。这是不是很意外？

那么，我们的身体是如何被激励，从而让我们感受到开心与乐趣的呢？

知识卡片

　　我在描述中有时会使用"其他动物"这样的说法，这是因为，我们人类也是一种动物。在生物学范畴内，人类和黑猩猩、大猩猩、红毛猩猩都属于人科动物。人科动物归属于简鼻亚目，而简鼻亚目又属于灵长目。和猫科动物、啮齿类动物一样，灵长目范畴内的所有动物都属于哺乳动物；而哺乳动物又和鸟类、爬行类以及鱼类等同属脊椎动物范畴。通过这样的分类方式，人们可以更好地研究分析不同种类的动物是如何**进化**发展的。

人类的近亲——黑猩猩，
正在横穿人类在其领地内修建的道路。

11

揭秘：为什么我们会感到有趣？

没好处，一切都白说！

早些时候，动物的游戏行为对于研究者来说，还是个**未解之谜**，因为许多动物在成年后依然游戏玩耍的情况一直无法被合理解释。按照常理来说，成年动物已经掌握了全部生存技能，无须再借助游戏的方式进行练习。鸟类的鸣叫也是一种难以解释的行为。它们鸣叫的主要原因或是求偶，或是宣布领地，而这两件事情往往在春季就都完成了，可鸟儿们的叫声却全年可闻，只不过从夏末开始渐渐变少而已。面对这未解的谜团，研究者猜测：是不是动物体内的奖励机制参与了它们的这些行为呢？

身体奖励机制的一种重要传导物质就是**多巴胺**。为了印证猜想，研究者在实验中给人类和其他动物注射了可降低多巴胺活性的抑制剂。结果表明，在药物的作用下，鸟类停止了鸣叫，哺乳动物停止了游戏，人类也开始变得无精打采、萎靡不振。这一研究能够证明，身体内的奖励机制对人类与其他动物有着同样的作用。据此我们可以认为，其他动物也和我们一样，在唱歌和游戏时，能够感觉到无可比拟的快乐。

快乐唱歌的人们，
和鸟儿有着一样的感受。

知识卡片

  对于人类来说，奖励机制尤为重要，其原因在于，奖励机制可以帮助你把那些无聊却又重要的事情坚持做下去。这些所谓的"无聊"事情往往因人而异。有人可以坐在钢琴前弹上几小时，有人会细致地收集邮票，有人沉浸在电脑游戏的世界中，还有些人在自己的本职工作中努力钻研……他们都找到了各自的乐趣。而我，则是一旦开始伏案写作，就会忘记周围一切的那种人。这正是我身体内部的奖励机制在起作用。它给我的不是获取成功的奖励，而是在通往成功的路途中工作本身带来的乐趣。这真是自然造物的"神来之笔"，我们很难用语言描述它对人类和其他动物的行为有多重要。

团结就是力量

团结合作——
大自然的原始发明!

你有没有问过自己,为什么你不喜欢孤独?为什么朋友离开时你会伤心?我们人类,和大多数其他动物一样,都喜欢群居。这种行为,被称为社交,是大自然最古老却也是最聪明的发明之一。即便是细菌,也有聚在一起的意识。这种简单的生物没有牙齿,只能在体外完成食物的消化,为此,它们会向周围环境中释放一种消化液(**酶**)。通过聚集,它们提高了消化液的浓度,从而更加高效地消化食物。不仅如此,这种聚集还将带来更深刻的变化。

你肯定知道,生物体是由细胞组成的。像草履虫这类最简单的生物,则只由一个细胞组成。不知从何时起,这些简单的单细胞生物也"明白"了,只有团结起来,才能让自己更强大,因此,彼此独立的单细胞开始相互聚集在一起,而后进化出了多细胞生物。海绵就是一个具有代表性的例子(详见第17页的实验)。这些简单的多细胞生物最终进化成为像你我一样复杂的高等生物。

单细胞生物,或者你身体里的单个细胞,也并不是孤零零存在的。几百万年前,一些较大的生物体吞噬了较小的生物体,但幸运的是,小生物体并没有被消化掉,而是在大生物体内与大生物体和谐共存了下来(即**内共生理论**)。如今,这些小生物体就生活在你身体的每一个细胞

14

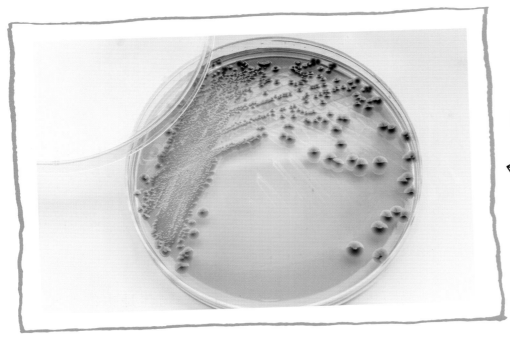

即便是单细胞生物，如图中所示的菌群中的细菌，也喜欢聚集在一起。

中——不只是你，还有所有的动物、植物和微生物。这些小生物体包括**叶绿体**（一般只在植物细胞中存在）、**线粒体**（存在于动物、植物、真菌等真核生物体内的大多数细胞中）等。叶绿体可以让植物的叶子呈现出绿色，其显色物质被称为**叶绿素**，叶绿体能将阳光、水分和空气转变成糖，这些绿叶中的糖又被输送到了果实等植物器官之中，这就是苹果等水果吃起来有甜味的原因。

聚居生活的好处颇多，大多数生物都表现出了与其同类共同生活的"内心渴望"。而这，恰恰是行为生物学的研究范畴。这一学科致力于研究各类生物行为及其发生的缘由，"内心渴望"便是缘由的一种。我们将会在后面的"动物的思维"与"动物的感觉"两章中，分析研究"内心渴望"是如何产生的。

聚居生活中，彼此的相处往往也不是件容易的事情，人们必须要对诸如骗子一类的坏人保持警惕，也不能忘了自己的朋友。而要做到这些，就需要大脑的功能更加强大，这就对大脑的进化提出了更高的要求。"大脑理论"应运而生。

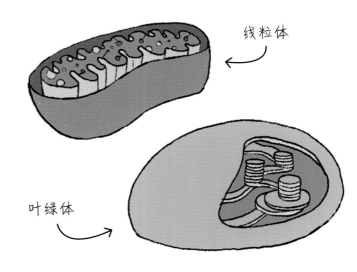

线粒体

叶绿体

知识卡片

　　大脑理论认为，正是由于动物的社交生活对智力提出了更高要求，它们的大脑才得以进化，脑容量变大，结构也更加复杂精妙。比如动物们需要记住，谁曾经帮助过它们，谁又曾经伤害过它们。过去人们相信，动物只活在当下。现在我们知道，即便是一只小小的老鼠，也会有自己的"人生"，也会基于自己的认知和经验做出相应的行为。我们人类更是如此。这种进化让我们学会了换位思考，设身处地地为他人着想。这很有益处，让我们能对他人表现出同情，但有时也会因此而上当受骗。如果没有高度发达的大脑，这一切都不可能发生。

　　不过，大脑理论也存在争议，因为也有一些聪明的动物是独自生活的。

也许，为了更好地适应社交生活，动物才进化出越来越复杂的大脑。

鱼类　　　　爬行动物

哺乳动物　　　鸟类

过去，人们认为海绵是一种植物，因为它们总是固定在一个地方。现在我们知道，海绵是一种简单的多细胞动物。如果想把组成海绵的细胞分开，你只需要把海绵从细细的筛孔里按过去，细胞之间的连接就会被拉扯开。海绵细胞这种排布方式，和我们生活中常用到的尼龙扣的粘贴方式非常相似。也因此，被分开的细胞还能像尼龙扣一样重新集结到一起。早在 100 年前，研究者就做过这样的实验。后来，更令他们吃惊的是，不同物种的细胞被分开后，在合适的培养条件下，总是会找到与自己同物种的细胞，然后重新聚集在一起。更有甚者，有的细胞，比如海绵的细胞，在被打散后，还能在重组过程中找回自己原来的位置！

如果你也想做这个实验，你可以去找一块活的海绵（海边有时候会有被冲上岸的海绵），揪下一小块，差不多像你的小指甲盖儿那么大就可以了，把它分成更小的块，放在细孔的筛子里，小心地在水下一点点搓碎，让碎屑从筛孔里挤过去。不久你就会发现，那些从筛孔里挤出去的碎屑，像变戏法一样又重新聚到了一起。

不过，也许你已经相信了我说的一切，所以选择放过那些可爱的"海绵宝宝"。

17

不见得都是首领
说了算

最强的也不一定是老大！

强者为王——在很多人的认知里，这句话是自然界亘古不变的生存法则。动物每天为了生存而争斗，每天都在准备与自然界中每一个可能的对手争斗并全力以赴。当我们回望大自然尘封的故事，或许在一场温暖舒适的阵雨中，我们的祖先欢呼雀跃，只因一头狮子选择去抓一只奔跑的瞪羚而让他们获得了生存机会。弱肉强食，或许是大自然最重要的一条法则。

然而，我们对动物及其相处的方式了解得越多，就越会对这种世界观表示怀疑。我们也看到，动物们互相依偎，彼此相爱，一起策划计谋，一起参与争斗，公平地分享食物，相互扶持，礼尚往来……很多研究者也因此相信，社交生活对动物思维与大脑的发展有着重要的作用。那么，一个有趣的问题就是：在这样的社交群体中，谁最有话语权？过去，人们都认为，通常是团队中最强壮的那一个说了算，可如今我们却发现，事情并没有那么简单。

例如，在斑鬣狗的种群中，只有雌性斑鬣狗才能担任首领。即便是最弱小、最没经验的雌性个体，也比雄性斑鬣狗在种群中的地位高。

斑鬣狗的名声不怎么好，但它们的确是最聪明的动物之一。

但雌性之间也不平等。事实上，斑鬣狗种群的社会模式是一种"**君主制**"的模式——雌性首领会把首领的位置传给自己的女儿。科学家把这种现象称为"裙带关系"。**遗传学**方面的研究甚至表明，生存在良好社会关系中的动物，通常来说寿命会更长，总体上也更健康。

自然界中不仅有"君主制"的社会模式，也有较为"民主"的社会模式。比如在狒狒的种群中，雄性、雌性都可以担任首领。同时人们观察发现，群居的狒狒在选择前进的方向时，往往不是首领或者**优势者**独自做出决定，而是通过所有成员共同协商来完成。在做决定的过程中，起初少数不同的个体会选择不同的方向，其他的狒狒则会选择跟随已做出选择的狒狒。但它们也会在不同方向间摇摆。这种"来回抉择"会反复进行，直至所有成员都选择同一个方向为止。

知识卡片

"裙带关系"模式是一种基于亲戚关系的社会模式。在这种模式下，人们更偏爱和信任与自己亲缘关系更近的个体。我们人类实际上也生存在这样一种社会关系中。那些在富裕家庭中长大的孩子，大多都会接受良好的教育。得益于父辈给予的"先天优势"，他们往往也更容易找到好的工作。当然，这并不公平，这种行为往往也在道德上为人所不齿。然而，请你仔细想一想，如果换作是你，在陌生人和与你亲近的人之间，你会更愿意帮助谁呢？想明白了这个问题，你也就更容易理解，为什么动物也会有"不公平"的小心思了。

同盟与社交网络

动物也有友谊！

你搬过家吗？你转过学吗？你有没有要努力适应新学校，结交新同学、新朋友的经历？如果你有过这些经历，你就会知道这过程有多难。如果你没有这些经历，你也可以想一想以前班级里新同学刚来时的样子。刚开始的时候，他们往往是孤独的，因为新环境中的其他人，早已有了固定的朋友圈子。

孤单总是让人难受，某些动物也有这种感受。大自然给了动物这种感觉，便更激发了它们快速融入群体的动力。对于群居性动物来说，融入群体让它们受益颇多——动物彼此间会共享食物，也会分担任务。以地鼠为例，在其种群中，就有专门放哨的"岗位"，在该岗位上工作的地鼠会为同伴提供警戒掩护，

大象也有朋友——和你我一样。

确保附近没有正在靠近的捕食者。作为酬劳，这些"哨兵"会得到同伴赠予的食物，也会在种群中享有更高的社会地位，这种高地位，往往以更多的同类乐意伴随

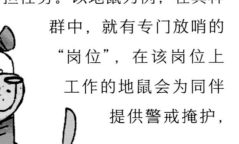

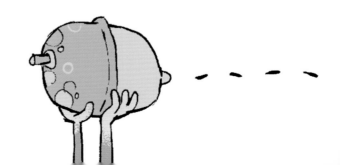

其左右的方式表现出来。

研究、理解动物的这些行为，是行为生物学家的一大乐趣。由此，人们设计了所谓的"社交网络分析实验"（详见第23页实验内容）。在学术界，科学家很少称这种关系为"友谊"，更为学术的称呼叫作"同盟"，即由缔结盟约而形成的整体。具体来说，"同盟关系"可以分为三个不同的阶段（详见知识卡片）。

知识卡片一

第一阶段的同盟关系不难理解，即家庭关系。实际上，所有对幼崽进行哺育的动物，都生存在基于家庭关系的同盟中。人们通常把依托这种关系建立起来的群体称为"一家""一窝""一群"或"一族"。处于家庭关系同盟中的动物，会在一起度过大部分的时间。

知识卡片二

第二阶段的同盟关系稍显复杂。举个例子来说，当你出门上学的时候，你就离开了第一阶段的家庭关系同盟；同理，当你的父母去上班，或者是同村的农民一起在田野上耕种的时候，他们就处于第二阶段的同盟关系中。科学家也把这种同盟关系称为"裂变融合社会"。处于这种关系下的个体会彼此分开然后又聚在一起。在我们已知的动物中，以这种"裂变融合社会"的同盟关系生存的，有类人猿、部分鲸豚类、非洲象和诸如狮子、鬣狗一类的猛兽，还有鹿、长颈鹿、斑马、田鼠甚至一些鱼类。

知识卡片三

　　第三阶段的同盟关系就有些特别了。想象一下，你有一个同学，对蛇类很有研究，几年后你们在不同的学校上学，某一天，你需要做一个关于蛇类的报告，你一下就想起了这个你以前认识的"小专家"同学，就拿起手机给他打了电话。这也是一种同盟关系，但你在日常生活中并不需要这种关系。以前，人们认为只有人类才会使用这种同盟关系。然而，最新的研究表明，至少西澳大利亚州的一些海豚也会使用这种关系。这也意味着这些海豚有自己的"人生"记忆，可以回忆起自己以前认识的同类。

海豚们在几十年后
还能认出自己的老朋友。

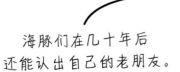

社交网络分析实验：要做好这个实验，你需要朋友们的支持。或者你也可以问问自己的老师，看能不能请他就这个主题搞一次专题活动。在把人召集完毕之后，你需要想一些问题：

你愿意和哪个同学一起 ——

- 🐾 在教室里排排站
- 🐾 做家庭作业
- 🐾 踢足球
- 🐾 跳舞
- 🐾 被关在厕所里
- 🐾 ……

参与实验的每个同学，都要从团队中选出一个同学作为自己回答上述问题的答案。现在，你需要把所有人的名字围成圈写在一张大纸上，在愿意彼此合作的两个同学间画上一道线。通过这种方式，谁愿意和谁一起做什么，就一目了然了。不过，也会有一些同学，他们和任何人之间都没有连接线，这种情况产生的原因有很多：也许仅仅只是因为你没有想到他喜欢做的事情；也许他原本就是一个"独行侠"。在我们的社会圈子里，"独行侠"总是有着一些和别人不一样的地方，他们由着自己的性子向前走，甚至会做一些没有人愿意做的事情。实验的结果可能是皆大欢喜的，每个人都找到了合适的事情、恰当的伙伴；可能也有一些人很矜持、不善交往，总是跟别人"唱反调"。不过，当所有人的选择都是错的时候，或许那个矜持的"独行侠"，就成了"拯救全世界"的人。每个人都很重要，而每种行为方式，都有其存在的意义，也有其不足之处。

动物也不都聚集成群

独居生活也挺好！

尽管对于我们人类来说，很难想象独自一个人的生活该怎样过，但对很多动物来说，这却是很正常的事。蜜蜂和蚂蚁等昆虫，可以借由复杂的群居生活建立起它们的"昆虫王国"，但同样也有很多昆虫更喜欢独自生活，掘土蜂就是其中的一种。还有一些动物也喜欢独居生活，你可能听说过，老虎就是不折不扣的"独行侠"，而常与老虎一起被提起的狮子，却选择了成群结队的群居生活。我常常问自己，为什么这两种很相近的猫科动物会选择截然不同的生活方式？

栖息地的差异以及由此产生的不同的捕猎方式通常是很重要的原因。狮子的领地范围往往很大，它们赖以生存的猎物毫

狮子喜欢彼此协作，群居在一起。

无规律地分布在广阔的领地上。一般来说，狮子的领地都是平原地带，猎物往往离得很远就能看到要实施"抓捕行动"的狮子，所以老早就开始逃命了，而通过彼此协作，狮子们可以很好地包围逃跑的猎物，断掉其逃跑的后路。相比较而言，老

红毛猩猩是真正的"孤僻者"。

虎则常常在丛林中狩猎,它们有着一手悄无声息、匍匐观察、一招制敌的好功夫,对于这样的捕猎方式来说,团队作战则容易打草惊蛇。

猎物的大小也是一个重要的因素。如果猎物很小无法进行分割,这对多成员参加的团体捕猎来说就很不划算。但我们也并不能因为动物单独捕猎就确定它是独居的。人们一直认为狐狸是独居动物,因为狐狸喜欢单独捕猎。后来才发现,它们只是在狩猎时才单独行动。

值得一提的还有红毛猩猩,它们是唯一一种不喜欢群居的类人猿。和老虎一样,红毛猩猩也生活在茂密的丛林中。但对它们来说,学会老虎那匍匐捕猎的绝活并没有什么大作用,因为它们是"素食主义者"。庞大而茂密的丛林,为它们提供了数不清的藏匿空间,所以它们也不需要团队的保护。红毛猩猩极度孤僻,性格古怪。在选定了第二天的前进方向后,雄性红毛猩猩会在晚间对着这个方向大声咆哮。如果你不想惹上麻烦,就在听到这声大叫后趁早躲开。雄性红毛猩猩的两侧脸颊高高鼓起,所以它们能发出像号角一样的声音。

"此路是我开!"

动物的个性

人类并不是唯一拥有
独特个性的动物。

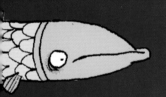

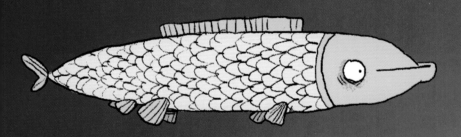

动物的多样性

多样性是无与伦比的美丽！

你家里有小动物吗？或者你有没有对某种动物有稍微多一些的了解？你有没有注意到，两只狗会非常不一样？过去人们认为，同一物种不会有不同的性格，一只狗就是狗类中的一员，一只猫也就是猫类中的一员而已，狗的品种就代表了它们个性的差别。不过在不久前，我和我的妈妈聊起这个话题时，她和我都认为，动物有自己的性格和不同的处事方式。其实她跟我一样，上学时也被老师告知：动物所谓的个性，不过是一种拟人化的描述方式罢了。可我们自身获得的经验，却和老师说的完全不一样。

不过这都是过去的认识。今天我们已经知道，性格、脾气、心智、个性，所有这些都是大自然的原始馈赠，就连昆虫一类的生物，彼此之间都有着不同之处。这种不同之处在不同情境中的表现是一致的。在生物学领域，这被称为"一致性个体差异"。

个性这东西，是大自然一个绝妙又天才的"魔法"。想象一下，在组织某个活动时，如果周围所有人的想法都和你一样——一个班级里的人想得都一样，那

寄居蟹把一些废弃的壳当作房子住在里面，它们受到惊吓后要在房子里躲多长时间取决于它们的个性。

海星也有自己的小爱好。

该是多么和谐的场景啊！但如果学校突然要求缩减、限制班级人数，这就很难处理了。因为你想留下，班级里的其他人也和你一样想留下。这时，你就会想，要是班里面有跟大家想法不一样的人，该有多好啊！同理，这在自然界中也是一样的。

比如说，自然界中会有一些比其他同类都要勇敢的"个性分子"，它们更喜欢去探索新世界，尝试挑战新事物，当它们发现新的食物来源时，便会满心兴奋，大快朵颐。但同时，那些"胆小鬼"也很重要，因为当勇敢的"个性分子"被天敌吃掉的时候，它们会躲在一旁，逃过一命。在我看来，大自然中没有什么能比动物的多样性更美妙、更无与伦比了！

嗨，费恩！

海豚也有名字

我的名字，就是我！

大多数情况下，警报是谁发出的并不重要——重要的是，它要够大声！

嘿……快离开这儿！

你有没有想过这个问题：我们为什么需要名字？也许有了名字，我们可以更好地面对面打招呼，可当我们碰面时，往往一句"嘿！"或者"你来啦！"就足够了。平常打招呼的时候，大家可能不用提名字，但当我们要提及某人的时候，名字的作用就显现出来了，比如："猜猜，昨天晚上莱昂尼和谁在一起？"或者"约纳斯今天有没有做作业？你知道吗？"那么，动物是不是也有名字呢？

大多数动物都能与其同伴很好地交流，它们经常会用自己独特的方式喊道："小心，有人来了！""快离开这儿！"或者"赶紧到这边来！"有时候，是哪个动物在说话并不重要。也有一些动物能够识别同伴的声音，比如狗，它们能够辨别小伙伴的声音，哪怕隔着三幢房子那

么远的距离。对于与狗一样可以通过辨别声音判断同伴的动物来说，每一个个体的声音都是很重要的，它们需要通过这种辨别方式，来判断对方是朋友还是骗子（我们将在"谎言的发明"一节中具体研究）。

你好，古德伦！

30

在这两种情境下，准确无误地判断说话者的身份，都是很重要的。难道不是吗？

也有一些动物，它们不仅能够辨别声音，甚至还有自己的名字。尽管这只是一个**假说**，但很多科学家都认为海豚发出的"口哨"实际上就是与人类名字相似的身份辨识方式。幼年海豚在出生之初，会吹着和妈妈一样的"身份口哨"，在接下来的几个月，这种口哨会慢慢发生变化，最终变化为带有小海豚自己特征的"身份口哨"。

这种"身份口哨"一旦形成，便终生不会改变，它们甚至可以在几十年后，通过口哨辨别出儿时的朋友。但海豚在一

狗是为数不多的可以通过说话——哦！对不起，是叫声——识别彼此的动物之一。

海豚，或许也可以算上鹦鹉，和我们一样都有自己的名字。不过，海豚的名字不是字词，而是"身份口哨"。

种特殊情况下，也会改变自己的"身份口哨"。

这一迄今为止唯一一种被人们发现的"特殊情况"，听起来相当温馨又甜蜜。海豚异性间往往分开生活——也许和你在海豚馆里看到的场景完全不一样——雌性海豚常常和有着同样生活状态的雌性生

活在一起，比如它们都有 2 岁的宝宝；而很多雄性海豚也几乎一生都和其他的雄性黏在一起。为了将自己的群体与其他的群体更好地区分开来，生活在一起的海豚会将自己的"身份口哨"彼此融合，最终形成新的口哨。这种行为可以**类比**于人类社会有些团队会为自己设计特定的标志。是谁想出了这个点子呢？

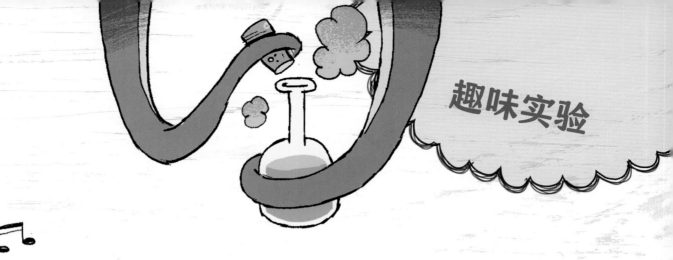

　　来做个游戏吧！你和你的同学、朋友们都蒙着眼睛，在教室里围成一个圈，唯一一个没有蒙眼睛的家伙 —— 游戏主持人抓住其中一人的手臂，被抓住的人说道："奶牛绕着池塘跑！"说完之后，主持人再随便抓住另一个人，这个人必须说出刚刚说话的人是谁。这一阶段的游戏很简单，因为大家都认识自己朋友的声音。接下来，队伍被打乱，游戏从头开始，这一次，被抓住的人要用变过调子的"假声音"说出"奶牛绕着池塘跑！"这句话，要尽力试着不让自己的声音被认出来。

动物也有生平回忆

动物也会对自己的生平有记忆，也能从过去的错误中吸取教训。

"动物只活在当下，过一天是一天，不会谋划未来，也不会回忆过去。"我在中小学和大学学习过程中，一直都接收着这样的认知理论。但也听过一些不一样的故事，比如说，曾经有个面包师傅把一个面包给了马戏团的一头大象，几十年之后，当这

大象良好的记忆力往往为人们所称道，很多动物都会对自己的平生经历有记忆——小老鼠也不例外。

头大象再一次与那个面包师傅擦肩而过时，它突然停下了脚步，又想向对方要面包。现在我们知道了，不是只有大象才有这么好的记忆力。

正如我们在上一节中了解到的一样，海豚在几十年后依然可以辨别出自己熟悉的同伴的口哨声音，而在"同盟与社交网络"一节中提及的在西澳大利亚州生存的海豚之间复杂的同盟关系也证明了动物具有可以保存一生的记忆。换句话说：不只人类可以回忆生平。科学家把动物的这种记忆方式称为"情景记忆"。

相比于长期记忆（详见知识卡片）来说，情景记忆更加敏感、脆弱，以至于一些人在遭遇事故之后，可能会走路、说话，也能继续从事自己的工作，却对自己的人

生和过去失去了记忆。其具体内容，我们将在"肥胖使人记忆力减退"一节中做详细说明。

不幸的是，像**阿尔茨海默病**一类的疾病也会对情景记忆产生影响。医学界一直想找出治疗这种病症的特效药，但这并不是件容易的事情——因为人类的每一个**记忆痕迹**，每一小块对人生回忆的存储，都是由大脑的不同区域共同参与的。科学家们正在研究老鼠的情景记忆——这或许令人难以置信——因为老鼠与人类的情景记忆模式非常相似。小小的老鼠也有情景记忆，它们也用这一幕一幕的"情景"拼凑起了自己的生平回忆。

知识卡片

长期记忆：记忆并不仅仅是简单的记得而已，否则，人们就不可能学会走路、骑车或者游泳。在日常生活中，人们一旦学会这些行为动作，它们就会作为**"程序性记忆"**被长久地存储在大脑中。这种记忆方式跟我们的知识记忆完全不同——当我们有一段时间不使用头脑中所储备的知识，比如"逻辑记忆是一种知识性认知"这类概念，这些内容就会被遗忘掉。储存着我们生平记录的情景记忆也并不是那么可靠，所以很多人会因为他们一起经历过的事情而争吵——因为每个人都认为，自己记着的才是对的。

肥胖使人记忆力减退

健康饮食和运动能让我们的生活变得丰富多彩，回忆也更加丰富多彩！

如果有人在操纵你的记忆，你是否会及时发觉？也许不会。在一次由一群超重人士参与的实验中，这种情形就真实地发生了。实验参与者被告知，他们在很小的时候就生了一种病，只有采用特定的健康食谱才能痊愈。这条信息被设置在他们参与的实验中，并被有意渗透给他们，而这才是实验的真正目的，他们明面上参与的实验其实只是一个无关紧要的"干扰项"。这次实验之后，研究者对参与者的饮食方式进行了分析，结果显示：尽管这些参与者小时候根本没有得过这种病，很多人还

超重会使人的记忆力减退，人们能回忆起的生活情景随之减少，而健康的饮食则能够帮助人们控制体重，进而保持良好的记忆力。

证人的证词很重要，但每个法官都清楚，人的记忆并非完全准确，也容易被外界干扰而发生改变。

是改变了不健康的饮食习惯，生活得更加自律、健康了。当被问到为什么这么做时，参与者则表示，他们在小时候生了重病，只有通过合理饮食才能保持健康。也就是说，他们完全把研究者在实验过程中特意编造的情节，当成了自己生平记忆的一部分。

在这个实验中，研究者通过"操纵"实验参与者的记忆，对他们的饮食习惯进行了引导。但实际上还有一个不容忽视的事实：超重者的记忆力，往往会比正常体重者的记忆力差一些。一个小小的操作就改变了参与者的记忆，对于其生平记忆的"一点微调"，最终给他们的生活带来了巨大的改变。

上述实验研究，对于法庭上的证言判断也有极为重要的参考意义。这个实验清楚地表明，我们的记忆并非完全准确，它们有时并不能分毫不差地记录我们所经历的一切。

很多动物可能也和我们一样有着同样的记忆缺陷。所以，我在这里最想要告诉你的就是：即便是我们人类，也并非完美无瑕，我们所坚信的许多事物，常常只是美好的想象而已。

蜘蛛的职业选择

不仅仅是基因决定了我们的行为 —— 个人偏好也是重要的影响因素。

你能想象吗？有一种蜘蛛能够结合自身特点选择职业。这听起来令人难以置信，却是的的确确存在的事实。也许你早就知道，在动物世界里，有这样的物种，它们中的个体看起来完全不同 —— 我不是指雄性和雌性之间的不同。在诸如蚂蚁、蜜蜂这样能够组建"王国"的昆虫种类中，雄性个体和雌性个体之间有着明显差别，不同"工种"的个体之间，也有着明显差别。举个例子，生活在非洲、印度和北美地区的一种大蚁，它们种群中的兵蚁往往头很大，有着坚硬有力的**下颚**，而工蚁则没有这种特征。在不同饮食和独特环境的影响下，动物体内的各类**基因**往往

在蚂蚁和蜜蜂的种群中，哪些个体被赋予哪类"工种"的使命，是工蚁、工蜂还是兵蚁、兵蜂，往往是由外在条件决定的。

阿内蛛是一种球蛛科蜘蛛，它们会依照自己的偏好，选择要当幼儿园老师还是守城士兵。

会有不同程度的表达，由此便会出现基因基本一致，但外形看起来很不同的同类物种。所以，对于那些征战沙场的兵蚁来说，它们对自己的职业没得选——当国王这件事，连想都不要想。

但我们如果把注意力放在生活在亚马孙地区的一种球蛛科蜘蛛身上，看到的就是另外一种情况。和大多数蜘蛛不同，这种球蛛科蜘蛛是群居生活的，它们的"蜘蛛社会"中，有着各种各样的"工种"，比如幼儿园老师、守城士兵……更令人难以置信的是，至今还没有任何证据表明，这种蜘蛛工作种类的不同与基因表达或外界环境有一丁点的关系，所以研究者认为，这些分工明确的小动物们，是根据自身的喜好选择了自己的工作。

自我意识

对于自我的认知，在很长一段时间，
都被认为是人类独有的行为能力。
现在我们知道，
很多其他动物也有自我意识。

镜子实验

小镜子，墙上的小镜子，
我认出你里面的我了吗？

早上起来照镜子的时候，你绝不会问自己：我在镜子里看到的是谁？毫无疑问，你看到的就是你自己——有时候睡眼蒙眬，有时候对即将开始的新的一天充满期待。然而，认出镜子里的自己，其实也并不是一件理所当然的事情。

为什么呢？因为要想认出镜子里的自己，照镜子的人必须要有自我意识，也就是说，他必须知道自己是谁。也许你会觉得没错，这说法完全符合逻辑，你天生就具备了这种意识和能力。然而，你有没有想过，你的小妹妹或者小弟弟是不是也有自我意识呢？实际上，小孩子要到18～24个月大的时候，才会慢慢形成自我意识，在镜子中认出自己。那么动物呢？北极熊、狗，还有许许多多其他动物，是不是也有自我意识？而我们又是怎么知道它们有这种意识的呢？

在行为生物学领域，研究者往往以镜子来测试某种动物是否有自我意识。他们认为，要想通过测试，接受测试的动物必须要有自我意识，没有这种意识，它们就不可能在镜子中认出自己。我们人类肯定会成功通过镜子测试，因为我们清楚地知道自己是谁，甚至会对着镜子里的自己思考——是留长头发还是短头发？是不是明天要把那个讨厌的痘痘挤掉？

不幸的是，我们通常无法和动物交谈，也不能直接问它们是否认出了镜子中的自己，所以，我们只能观察它们的行为反应——你或许根本不会相信观察到的一切，在镜子面前，动物们的行为表现真的是五花八门、各式各样！

有时也会认不出自己。

面对镜子的动物

我能用镜子干什么？
它闻起来可什么味道都没有！

包括蠕虫、蜜蜂、仓鼠和狗在内的大多数动物，往往对身边的镜子没什么特别的反应。对它们来说，镜子和那些无用的东西没什么区别。不过，你可别就此认为它们没有自我意识，也许对这些动物来说，视觉并不是它们感知世界的主要途径。它们很可能有着良好的嗅觉，而视力却不好，因此忽略了身旁的镜子，如果镜子中的"影像反射"是通过气味体现的，这些动物应该就会有反应了。所以，动物即便对镜子没做出什么反应，我们也不能排除它们具有自我意识的可能性。

动物面对镜子，
会有各式各样的反应。

大多数动物都会忽略
环境中的镜子。

知识卡片

动物面对镜子时可能出现的反应：

🐾 置之不理

🐾 面对镜子做出一些社会行为

🐾 把镜子当作工具，比如利用镜子寻找藏起来的食物

🐾 用镜子看自己的屁股或者其他自己不容易看到的身体部位

🐾 发现镜子里的一些特别标记，并试着把它擦掉

是同伴，还是对手？

镜子也会带来陪伴！

在生物学领域，"社会行为"是指同种类动物彼此之间表现出的行为。面对镜子时，动物可能会把镜中的自己当成一个同类，于是表现出一些社会行为。不过不同种类的动物，表现出的社会行为也各异。比如斗鱼，它们会表现出极具攻击性的行为。如果你把一面镜子放入它们的领地，它们会对镜中的自己不断攻击，直到筋疲力尽。而对虎皮鹦鹉来说，镜子所扮演的角色则完全不同。它们会把自己的镜像当成一个同伴，照着镜子的它们看起来似乎不再那么容易感到孤独。不过，镜子里面的"小伙伴"永远也不能代替真正的小伙伴。

有些动物会把自己的镜像当作一个同类，并表现出亲昵的行为。

知识卡片

　　请注意：如果在进行镜子实验的过程中，动物产生了激烈的攻击性行为，请立即停止实验。发生在自然界中的动物争斗往往不会造成伤害。因为即便是一个很小的伤口，也可能会引起致命的感染或者其他疾病，基于此，在争斗过程中，参与争斗的动物一旦觉得形势不利于自己，便会马上通过肢体语言示弱，用以缓和局面，防止事态进一步恶化。镜像则完全不会做出这种举动，所以一旦遇到动物与镜像争斗的情况，如果不及时制止，情况只能越来越糟。我们必须避免这种情况的发生！

斗鱼很好斗，镜子实验中的斗鱼会把自己的镜像当作入侵领地的同类，然后表现出攻击性行为以保卫自己的领地。

47

挺好用的工具

不只是牙医会用镜子寻找
藏起来的东西！

激动人心的时刻到来啦！我们在这一小节里将要讲述动物取得了一项令人难以置信的成就 —— 它们理解了镜子的工作原理！

有一些动物，比如小猪，会把镜子当作工具来使用。当在镜子中看到食物时，小猪不会向着镜子的方向跑，而是朝着食物的方向奔去，而且它们借由镜子的帮助找到了通往食物的最优路线。

小猪理解了镜子的工作原理并
把它当作工具来使用。

镜子里的屁股

我的屁股真有趣！
我有世界上最漂亮的屁股！

也许你曾站在镜子面前，对自己做过鬼脸——我感到疲惫的时候，偶尔也会这样做。当你在镜子面前对着自己笑时，你会感觉到心情大好。有些动物也会这么做，它们会像孩子们一样，在镜子前跑来跑去，对着镜子做出滑稽可笑的动作来自娱自乐。针对动物的这种行为，研究者认为，是镜子反射镜像造成的空间变化，让动物觉得镜子很有趣。然而，在和镜子玩了一段时间后，有一些动物开始通过镜子观察自己平日里看不到的身体部位。一些行为生物学家认为，这种行为已经释放出了"自我意识"的信号。他们认为，当一只狒狒非常专注地看着镜子里的屁股时，它显然对

有些动物会通过镜子看自己平时无法看到的身体部位。

镜子里的屁股很感兴趣，并且它这样做后，没有狒狒表示被冒犯到，所以它可能会想到，这个屁股是自己的。

哇哦，这就是我！

有自我意识的动物。

镜子实验有一个"终极法则"，就是观察动物是否触碰自己的额头。研究者认为，只有能认出镜子中的自己，并且拥有自我意识的动物才能做到这一点。研究者趁动物不注意，在其额头上画了一道标记。受测动物在照镜子时如果触碰自己的额头（试图抹掉标记），则被视为通过测试。研究者认为，做出这种动作的动物，和我们一样能够认出镜子中的自己，并且有着自我意识。而如果受测动物伸出爪子去触碰自己镜像上的标记，则表示没有通过测试。因为这一行为代表着，它们并没有意识到看到的是自己，而是认为看到的是一个同类，并试图为"同伴"抹去额头上的标记。这个实验有助于我们理解动物是如何思考的，以及其他动物的思维

红毛猩猩可以轻而易举地认出镜子中的自己。

与人类思维的相似程度。

第一个通过"终极法则"测试的是黑猩猩。今天，人们已经知道，所有的人科动物（包括黑猩猩、大猩猩、红毛猩猩和

50

人类）从某个年龄段开始都能够通过测试。不过，这个测试有一个问题：豚类或者鸟类如何触摸自己的额头呢？对于这类动物，比如喜鹊或者海豚，研究者会在其身体的某个部位画上标记，并且这个部位它们只有在镜子中才能看见。当受测动物对着镜子时，它们如果比平时更频繁地与这个位置互动，就被视为通过测试。

知识卡片一

截至目前，在科学家进行实验的范围内，通过"终极法则"测试的动物有：

- 所有人科动物（人类、大猩猩、黑猩猩和红毛猩猩）
- 大象
- 喜鹊（并非每只喜鹊都通过了测试）
- 海豚
- 蚂蚁

有一些喜鹊也能够在镜子中认出自己。

知识卡片二

请注意：虽然你可能不会相信，但这种情况确实是存在的——我们目前所拥有的自我意识，只能算得上"九牛一毛"，或者，更确切地说，自我意识是不断发展的，并且随着时间的推移会越来越强。这有点像学走路的过程，刚开始的时候，我们总是跌跌撞撞，但从某一刻开始，我们就可以稳稳地往前走了。那些从小就知道镜子的孩子，往往会比那些很少见到镜子的孩子更早通过测试；而那些有过擦去玩具娃娃额头上印记经验的孩子，也能相对更容易地通过测试。其他动物的情况也类似，有一些动物种类，仅有个别个体能够通过测试；而也有一些动物种类，几乎每个个体都能通过测试。

↖ 这……真的是我吗？

　　观察动物或者人在镜子面前的各种行为，并将其按照本书第 45 页知识卡片中的行为种类进行归纳。如果你想做一个能得到上述结果的镜子实验，你需要一面尽可能大的镜子，还有一个能用来做标记的东西，比如粉笔、口红或者是便签贴纸等。一切准备就绪后，就需要我们的实验对象闪亮登场了。如果你要用动物来做这个实验，一定要小心谨慎，确认实验过程对它们来说是愉悦的、无害的。一旦你的实验对象在镜子前变得暴躁不安，请立即停止实验。

行为生物学中最重要的
实验用具之一：镜子。

自我意识
与自我认识

小区别，大不同！

前不久，一项关于蚂蚁的研究让研究者们大为震惊。科学家惊奇地发现，蚂蚁竟然能够完美地通过镜子实验。这种小小的昆虫，真真切切地认出了镜子里的自己，并试图将身上的标记抹去。

那么，蚂蚁究竟有没有自我意识呢？

也许答案是否定的。因为在"自我意识"这个概念下，还包含一些更深层次的能力，这些能力是属于哲学范畴的，甚至需要用一些连成人都不容易理解的概念来解释。专业人士把这些深层次的东西称为**"元认知"**和**"心理理论"**。这两个概念都很重要，本书将在"情感的最高模式：共情"一章中进行全面分析。无论是"元认知"还是"心理理论"，都关系到一种能力，即思考自身想法、感受、行为和认知的能力。比如你明天要写一篇论文，那么你就会想，你是不是已经掌握了与之有关的全部知识，这时你就在思考自己知道些什么。类似地，思考关于你自己的问题也是这种能力的体现，例如问自己要不要去剪头发。这种你认为理所当然的能力，以往一直被认为是人类特有的能力，现在我们知道，动物也有这种能力。

研究者所谓的"自我意识"，意味着个体可以对自身进行思考。比如，我们会这样想：我思，故我在！这个论断是著名哲学家勒内·笛卡儿在约 400 年前提出来的。笛卡儿认为，这个论断体现出了人和动物的区别。今天我们已经弄清，笛卡儿的结论并不准确，因为很多动物也能够对自身进行思考。然而，这毫不影响他那句"我思，故我在"成为一个时代的智慧与

经典。进行自我思考的能力，是形成自我意识的先决条件。如果某种动物不能对自身进行思考，那么，这种动物是没有自我意识的。

尽管很多动物可以对自身进行思考，但蚂蚁尚不具备这种能力。我们在这一章中屡次提到的镜子实验，实际上只是证实了动物对于自我的认识。自我认识（恰如蚂蚁在镜子实验中的表现）和自我意识（恰如动物基于"元认知"的种种表现，详见"自我反思"一节）是有一定差别的。也就是说，只有当某个动物成功通过了镜子实验，也完成了关于"元认知"的实验，我们才能够说，在如何看待自己这件事情上，它和我们人类或许并没有很大的差别。

知识卡片

勒内·笛卡儿出生于 1596 年，是法国哲学家、自然科学家。其名言"我思，故我在"时至今日依然是哲学领域乃至人类文化的经典。笛卡儿被认为是当时影响力最大的思想者之一。他提倡理性主义，反对当时主流的非理性的、常常带有浓厚宗教色彩的思想和行为。

机器人会有
自我意识吗？

你们也许将会看到这一切！

也许你会觉得奇怪，为什么我要提到机器人，一本写动物的书，和机器人没有任何关系呀！来看看吧！我下面将要提到的实验非常有趣，这些实验与我们在前几节中给动物做的实验类似。与动物相比，选择机器人作为"实验参与者"有这些好处：其一，人们不会弄疼它们，也不会打扰到它们，如果不需要了，直接把它们关掉就好，不需要顾虑太多；其二，如果机器人被设定了某些程序，它们甚至还可以听懂我们的语言。一家法国公司发明了一种名叫"闹儿"的玩具机器人，它们可以和人类真实对话。在内部程序管理下，"闹儿"可以分析人类的语言，对其进行归类，辨别其间的关系并进行有逻辑的输出。基于这种

背景，人们利用三个"闹儿"机器人做了一个极为复杂的语言逻辑测试。

这三个机器人被告知，它们中的两个吃下了哑巴丸，不会说话了。随后，它

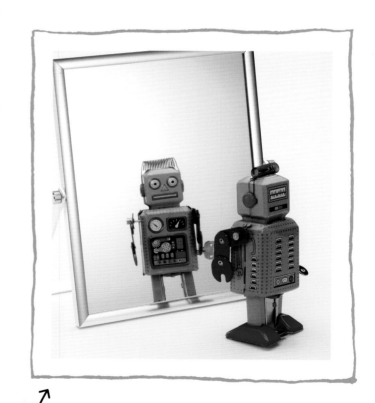

也许在不久的将来，人工智能也会发展出自我意识，到那时，它们或许也会有自己的想法和愿望。那么，我们是不是要给它们应有的尊重？

们被问道：谁没有吃哑巴丸？在这三个受测机器人中，有两个真的被切断了语言程序，失去了说话的功能。这时，第三个机器人答道："我不知道。"可不一会儿，它突然肯定地说道："我没有吃哑巴丸，因为我还会回答问题。"

令人难以置信吧！所以，机器人究竟有没有自我意识，我们还无法给出明确的答案。

其实，在这里，我们碰到的问题与上一节是一样的，机器人虽然有自我认知，但是它们可能没有对这种认知的思考。不是每一种看上去复杂行为的背后都有复杂的思维。尽管如此，我依然坚定地认为，我们早晚有一天会和有自我意识的机器人进行对话。那么，新的问题来了，这些机器人是不是也应该争取属于它们自己的自主权呢？

知识卡片

很多行为学家和心理学家都在电子信息公司中任职，并致力于让机器人看起来更像真人。也许过不了多久，就会出现真正有自我意识的机器人了。不过，幸运的是，你已经快成为一个训练有素的行为生物学家了，你知道如何对它们进行测试。你可以看一下本书第102~105页的实验，这个实验表明，老鼠也能够思考关于它们自己的问题。

动物的语言

彼此懂得，并不只是靠说话。

交流的方式

不用说话也能理解 —— 就是这么完美！

动物只会"哞哞""哇哇""喵喵"或者"咿啊咿啊"地叫，它们不会说话，却能够准确恰当地表达自己的需求，毫无阻碍地彼此沟通。动物发出的声音是与生俱来的，小狗不会一下子发出"喵喵"的声音，奶牛也不会突然"咿啊咿啊"地叫。不过，并不是所有动物都只会发出这样单一的声音。有很多动物会使用不同的声音，比如一种叫作松鸦的鸟，会发出14种警报声 —— 在面对老鹰时，发出一种警报声；而面对猫头鹰时，则换成另一种警报声。

地鼠也能够用不同的声音来发出关于敌人是来自空中还是来自地上的警告，通过这种方式，接收到警告信号的同类就能够选择更恰当的避险方式 —— 是爬大树还是钻地洞。你肯定听到过小狗友好或是充满挑衅的叫声吧？更神奇的是，它们还会发出一种代表笑的叫声。如果你把这种代表笑的叫声录下来放给动物救助站里的小狗听，它们的压力便会减少。即便是老鼠也会发出笑声，而且，爱笑的老鼠也更愿意和其他爱笑的老鼠待在一起。

棕熊用爪痕和气味在树上留下标记，每一个进入它领地的入侵者，都得重视这种标记！

交流的方式并不仅仅只有发出声音一种，很多动物也会用肢体语言进行沟通。蜜蜂就能够通过"摆尾舞"精准地告诉同伴哪里能找到食物。我们人类有些肢体语言和类人猿是相通的。如果有一天你去了非洲，当你想吃东西的时候摸摸嘴巴，不仅仅是人，生活在那里的大猩猩也会懂得你的意思。

气味也可以用来交流。通过气味，雄性蚕蛾可以从几千米外的地方找到雌性蚕蛾；蚂蚁也会在通往新发现的觅食地点的路上留下气味线索；而诸如棕熊一类的肉食动物，往往会用气味来标记自己的领地范围。

严格来说，所有的沟通交流，只需要四个条件：信号发出者、信号接收者、清晰的可以被理解的信号以及一个传播媒介。通过上述条件，即便是像单细胞生物比如细菌这样简单的生命个体都可以在彼此之间进行很好的交流。甚至有一种神奇的黏细菌，它们竟然可以通过释放化学物质信号进行"民主投票"，决定谁将自杀结束生命，谁可以继续活下来。

谎言的发明

撒谎 —— 思维发展的重要一步。

你有没有在游戏中作过弊？或者，你有没有对父母或老师撒过谎？很长时间以来，人们都认为动物不会撒谎、骗人，认为它们完全不具备这种能力。然而，事实并非如此。动物也会撒谎，也会骗人，它们的世界也不那么单纯。

在一些群居性动物中，那些诚实可靠的个体常常被选作警卫，委以警戒放哨的职责，但也会有一些假扮成警卫的"骗子"。在视频网站上，你会看到很多关于地鼠或者狐獴这类动物的有趣视频。这些"骗子"有时是同类，有时是其他动物比如卷尾鸟，它们会时不时地发出假的警告信号，用以显示它们"很勤奋"，或者骗取他人的信任。当然，这种欺骗的行为早晚会被揭穿，到那时，就再没有同伴理它们了，也不会有同伴给它们食物作为奖励了。

一些地鼠喜欢四处招摇撞骗，这些"小骗子"的声音会被其他同伴记下来，慢慢地，就再没有同伴理它们了。

狐獴不会有欺骗的想法，所以它们也不会
通过声音去辨识区分彼此。

要想识破这些"骗子"和"骗局"，动物需要记住其他动物的个性和行为特征并能通过声音来识别它们。科学家认为，这就是动物进化出辨别不同声音的能力的最初原因。更进一步，这可能使动物具备将其他动物当作一类动物中的个体，而不是自然界中没有生命的东西的能力。听起来有些不可思议，但这个过程对思维的发展来说，确实是很重要的一步！

一些鸦科鸟类是真正的"骗子"。它们经常假装无事地偷偷观察其他同类藏匿食物的过程，而一旦这些被藏好的宝贝不在主人的视线范围之内，伺机而动的"骗子"就会一跃而上，将其占为己有。当然，也有一些鸟儿，当它们察觉到自己被盯上时，就会装作在埋什么东西，转而又把真正的宝贝藏到了其他地方。不过，这种老练的手段只有也会偷其他同类的"老鸟"才会掌握，年轻的小鸟还是会一脸天真地相信自己的同伴（具体内容详见"什么是共情？"一节）。

乌鸦可是不折不扣的"骗子"，它们喜欢偷取其他同类藏起来的食物。

下次你玩牌或者下棋的时候，试着在你的朋友背后搞一些小动作来骗骗他／她。不要停下来，一直到他／她发现为止！如果你的朋友因为这件事要跟你绝交，请向他／她描述一下这个实验，解释清楚你的行为。通过这个实验，你会明白，谎言会在社会交往中给你带来一时的得意，却不会持续、长久，因为和谐的社会关系，永远需要公平和正义的支撑（详见"公平与正义"一章）。不过，也有一些谎言可以被社会接纳，那就是人们常说的"善意的谎言"。这种"谎言"的存在，有时是为了避免尴尬，让彼此感觉更舒服。

语音学习

注意：语言就这样产生了！

你也许在视频网站上看到过鹦鹉随着音乐节奏律动的视频。事实上，没有多少动物能做到这一点。因为要想实现这种有节奏的律动，需要一种特殊的能力——大脑的自我反馈。

怎么解释这种能力呢？举个例子说，当你学习一个新的英语单词时，你会听它的发音并跟着读出来，在跟读的过程中，你听到了自己的发音，然后将自己的发音与储存在你头脑中的刚才听过的标准发音进行比较。如果你没有发出正确的音，就再读一遍。在这个过程中，你的听觉就对你的发音做出了反馈。我们在前面提到的律动感也是一样的，只不过，在律动感中，受操控的不是用来说话的嘴部肌肉，而是身体的肌肉。如果没有大脑对于节奏的正确反馈，这个世界上就不会有舞蹈了。

记单词的过程在生物学上的意义非常重大。具备了这种被称为"语音学习"能力的动物，就可以学会发出其他的声音。这是一种与生俱来的本领，那种只会依照先天本能发出"哇哇"或者"哞哞"声音的动物，就不具备学习发出其他声音的能力。想象一下，如果你不具备"语音学习"能力，你就只会"咕噜咕噜"地在嗓子里嘟囔，偶尔喊一声、笑一笑，永远也说不出"奶牛绕着池塘跑"这样美妙的语言了！

不过，还有一个值得注意的现象：很多会唱歌的鸟儿只能在小时候进行语音学习，而且通常只有雄性个体才具有这种能力。如果只有群体中的个别个体才有语音学习的能力，这种动物自然也发展不出真正的语言。

目前的研究结果显示，仅有少数动物具有语音学习的能力，它们是大象、海狮、部分鸟类和一些鲸类。

很多会唱歌的鸟儿都是通过学习掌握了唱歌的本领，不过，它们只能在幼鸟时期进行学习，并且通常只有雄性才会唱歌。

知识卡片

甚至有一些动物在尝试着**模仿**人类的语言：

* 🐾 一头名叫科什克的亚洲象会说五个韩语单词；
* 🐾 一头名叫诺克的白鲸曾对潜水员发出过上浮的指令；
* 🐾 一头名叫胡福的海豹会对动物园游客说"嘿，你！离开那里！"
* 🐾 一头名叫维基的虎鲸会说"你好"和"再见"。

不过，这四头动物都有着悲伤的成长故事——它们很小的时候就被带离了妈妈的怀抱，是被人类饲养大的。

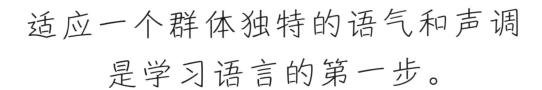

动物也会说"方言"

适应一个群体独特的语气和声调是学习语言的第一步。

当我在德国北部城市基尔学习海洋生物学的时候，班级里有一个女同学，她每次做报告时都会引发大家的阵阵笑声。她来自阿尔卑斯山中部地区的一个小村庄，尽管在外求学多年，还是说着一口别人很难听懂的方言——德国南部地区的巴伐利亚方言。当然，她也会说标准德语，但她依然更偏爱自己的家乡口音。也许你的学校里也有这样的"小团体"，他们喜欢说自己熟悉的家乡话，做出一些只有他们自己才懂的礼仪和行为。

从生物学的角度来看，这些人"坚持说家乡话、做家乡事"，这有着较为深刻的意义，他们通过这种特殊的语言和行为来表达自己是某个特定群体的成员。这样一来，他们就不再是一个人在战斗，在陷入窘境时会有人帮忙，相互之间也能够更好地相处、合作。我大学快毕业的时候，

一项科学发现震惊了世界。研究者发现，虎鲸，亦称为逆戟鲸或杀人鲸，也有自己的"方言"。研究结果显示，生活在加拿大西海岸地区的虎鲸种群尽管共享同一个"词汇系统"，但它们的发音却因群体的不同而异。人们可以这样认为，在虎鲸群体中有些个体说着"巴伐利亚话"，有些个体则说着"低地德语"（德国北部地区一带的方言——译者注）。虎鲸恰恰是通过这种方式来表明自己归属于哪一个群体的。

就在几年前，人们还认为"使用方言"这种行为只是高等动物的专利，而今我们得知，即便是和许多同类居住在大山洞里的蝙蝠，也会有自己的"方言"。举个例子，在美国得克萨斯州的奥斯汀，一个名叫"布兰肯洞"的地方，生活着超过2000万只蝙蝠，其数量几乎和世界上最大的城市之一——上海的人口一样多。

在这个"蝙蝠城"中，生活着不同的蝙蝠"小团体"，它们在不同的地方聚集、睡觉、休息，而彼此进行区分的方法，就是它们的"方言"。

很多候鸟，比如椋鸟的情况也非常相似。它们在来来往往的迁徙中，是通过"方言"在自己夏天或冬天的集聚区中找到"同乡"的。不过，说了这么多，通过"方言"来划分群体的动物也并不是很多。你也可以这么理解，这些动物都是精挑细选的佼佼者！还有一个令人瞠目结舌的事实：人们发现，家鼠也会说"方言"。这也意味着，这看似不起眼的小动物也有复杂的社会生活，对它们来说，自己的社交网络也很重要呢！

大约 20 年前，一项发现震惊了世界——在加拿大温哥华岛附近生存的虎鲸，竟然也有自己的"方言"。

知识卡片

人们也把虎鲸称作逆戟鲸。尽管名字里带个"鲸"字，但它们却属于海豚科。我们常提到的"须鲸"和"齿鲸"是两类完全不同的动物——须鲸以相对小一些的海洋生物为食，它们通过过滤海水来获得食物；而齿鲸则是食肉动物，海豚就是一种齿鲸。海豚科中体型最大的生物是虎鲸。你在海豚馆或者电视上经常看见的宽吻海豚，也属于海豚科。

指示的手势

分享同一个世界的钥匙。

现在我们要谈的东西，稍微有一些哲学色彩。自古以来，人们就一直想知道：红色的花，是不是在所有人的眼中都具有一样的红色？我们自然不可能钻到别人的脑子里，看他们所说的红色是不是跟我们看见的红色一样。但我们所有人都形成了统一意见：所有看起来像红色的东西，我们就称它是红色的。通过这种方式，我们建立了一个共识：在我们一起共同生活的世界里，所有看起来像红色的东西，都被称为是红色的。

试着想象一下，如果你身边没有人谈论这件事，你的父母也从来没有告诉过你，这个球是绿的，那个球是红的。当然，你仍然会发现两个球的不同，甚至会给它们分别取一个你自己想出来的名字。

但如果没有约定俗成的共识，你就很难就这件事与别人进行沟通。给某些事物取一个通用的名称的好处是，我们可以与他人分享我们头脑中的世界。当人们需要和其他人沟通交流时，这一点尤为重要。

不过，即便不说话，我也有方法与他人分享想法 —— 最简单的方法就是用手指着某个东西或者用眼睛盯着某个特定的物品。如果对方能够理解我的手势或行为，那么，我就向对方成功分享了我的想法；如果不能，那我们就是"没在一个频道上"，沟通和交流就不大可能了。

通过手势或者行为交谈的时候，人们必须辨别一下，对方是不是在指示什么东西，或者他／她是不是能够理解相应的手

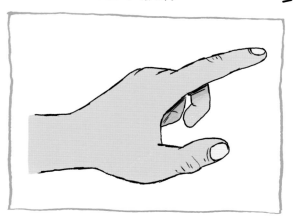

不同的指示手势：之前人们认为黑猩猩不会用手指示东西，后来人们才知道，黑猩猩指示东西时，是不伸直手指的。

势或行为；动物也是一样的，它要注意同伴是不是在看自己。有些动物即便没有同伴在它周围，也会一直盯着某个东西看，给人感觉就像是在指示什么。不过，如果没人看的话，这个行为就不构成一种沟通交流。所以说，一个简简单单的"指示"行为，其内涵就很丰富，意义也很重大。而在几年前，人们还认为只有人类才有"指示"的能力，仅有的例外不过是那些训练有素的猎犬，它们可以遵循主人的指示。

大脑的这种理解能力是不可能单靠简单训练产生的，故而，被训练的猎犬必须

具有基本的理解指令的能力。基于这一点，人们对很多动物进行实验，以测试它们是否具有理解基本指令的能力。很多参与实验的动物均成功通过测试。不过，这些动物大多数都是人类驯养的，因此还没有证据可以证明，动物在野外也会使用手势或行为彼此交流。也许几年之后，随着科学研究的深入，我们对此会有更深的了解。

71

动物种类	使用手势	理解手势	对同伴的手势表示关注
黑猩猩	11/12	10/14	10/12
倭黑猩猩	3/4	4/5	1/1
大猩猩	1/1	1/2	1/2
红毛猩猩	3/4	6/7	3/3
长臂猿	—	1/1	1/1
旧大陆猴	8/8	5/6	3/4
新大陆猴	5/5	2/3	4/6
狗	4/4	53/53	20/24
狼	1/1	5/5	—
狐狸	—	2/2	—
澳洲野犬	—	1/1	1/1
郊狼	—	1/1	—
海豹	—	4/4	2/4
鸦科鸟类	—	3/4	2/3
大象	—	2/3	—
蝙蝠	—	1/1	—
马	1/1	4/5	2/2
雪貂	—	1/1	—
山羊	—	1/2	0/1
猪	—	1/2	1/1
猫	—	1/1	—
海豚	2/4	4/4	4/4
喜鹊	1/1	—	1/1
鹦鹉	—	1/1	0/1

说明：以黑猩猩的数据为例，表中 "11/12" 代表：
在 12 次实验中，11 次可以证明该动物掌握了此种能力。
表中 "—" 代表此项内容尚无官方报告数据可查。

你想真的发现一些新东西吗？去观察不同的动物，然后看看它们是不是能够根据手势或者目光的指引，将注意力转移到某个特定东西上，或者，它们是否会使用某种肢体语言来表示指示。比如说，当你的小猫饿了的时候，它会指向装着猫粮的罐子吗？或者看看你的马儿，当你用手指着某个特定方向时，它的目光是不是也跟着望了过去？对不同的动物做这个测试，看看它们分别是如何反应的。也许你会发现某个动物，在没有经过事先训练的情况下竟然读懂了你的手势或行为，或者会使用类似的手势或行为，那么，请你一定把这件事告诉我！

动物的语言和语法

人们曾经试图教会动物人类的语言！

这是什么意思？在一本关于动物的书中居然有一节是讲语言和语法的！虽然听起来有点儿荒谬，但我这么做，是有原因的。在大约50年前，人们认为动物可以被教会说话，于是就做了一系列几近疯狂的实验：研究者和受测动物亲密地生活在一起，用以检验这个猜想是否正确。赫伯·塔瑞斯给他的黑猩猩起名叫尼姆·猩姆斯基，教给它人类的各种手势和肢体语言，并带着它融入自己的家庭；另一位名叫约翰·利利的研究员在水下建了一个房子，供人类和海豚一起居住、生活。这些实验听起来都非常有趣，然而，它们中没有一个是成功的，且所有惨痛的代价都由参与实验的动物来承担了，它们因在这一过程中遭受的痛苦而变得暴躁不安。黑猩猩尼姆长大之后性格暴躁、极具攻击性，不得不从一个研究机构被送到另一个研究机构。它的悲惨经历成为电影《猩球崛起》的灵感来源。

不过，关于动物的语言能力，我们现在了解了更多的信息。一只名叫瓦苏的黑猩猩，掌握了超过130种人类的手势语言。更令它的训练员感到吃惊的是，瓦苏竟然能够用"水"和"鸟"这两个单词来描述天鹅。而另一只名叫坎兹的雄性倭黑猩猩则会辨别和使用一种指示具体信息的抽象符号卡片，它能够流利地使用近400个这种符号语言的词汇。这种符号语言被称为耶基斯语，是一种专门用于人类和非人类灵长目动物比如黑猩猩之间进行沟通的"人工语言"。

还有一位给我留下很深刻印象的研究者，他的名字叫路易斯·赫尔曼。他在夏威夷的一家海豚馆里饲养了几头海豚，并试着教它们一种由几种特定手势组成的语

言。刚开始的时候，路易斯·赫尔曼让饲养员站在海豚池边上做这些手势给这些海豚看；随后，他又将这些手势展示在一台水下电视的屏幕上；后来，别出心裁的研究者又让饲养员穿上了黑色的衣服，并站在黑色的背景墙前，仅仅让海豚看到他们戴着白色手套的手在做手势。在这个实验循序渐进的过程中，饲养员发挥的作用越来越小，他们手部的动作也很抽象。在这样的难度条件设置下，路易斯·赫尔曼成功地证明了，海豚不仅能够听懂并完成简单的指令，它们甚至能够理解成句的、带有语法规则的复杂指令。你们知道句子的语法，知道时间状语、地点状语和方式状语的概念，而路易斯·赫尔曼饲养的海豚竟然也能理解这些。不仅如此，它们还懂得"无"的概念。这是一种特殊的能力，比如小狗，就不具备这种能力。不过，遗憾的是，路易斯·赫尔曼的这些海豚没有一只能像它们自然环境中的同类一样活得长久。海豚馆里的生存环境，都把它们憋出病来了！

知识卡片

前文中提到的那只叫尼姆·猩姆斯基的黑猩猩，实际上，它的名字源自一场玩笑。试想一下，谁会给一只动物取一个有名有姓的名字呢？当时，有一个很有名的哲学家叫诺姆·乔姆斯基，他也是一名猿类语言研究的批评家。赫伯·塔瑞斯就是想给自己的黑猩猩起一个与他类似的名字来取笑他。这就是科学家的幽默。

尼姆·猩姆斯基是一只有名的实验用黑猩猩的名字，它带有悲剧色彩的一生给了艺术家灵感，成为电影《猩球崛起》的原型。

令人惊奇的新发现

动物的语言也有字、词、句，也有语法和句子结构。

尽管研究者通过圈养动物进行的实验并没有取得成功，但是已经有证据表明，自然界中的动物在交流的过程中也会使用语法。一位名叫丹尼斯·赫尔金的研究者用一种可以分析海豚"口哨声"，同时自身也会发出"口哨声"的特殊仪器进行了一次研究，她带着这个仪器潜入巴哈马群岛地区的水下世界，试着与生活在那里的海豚建立起亲密的联系。

就在不久前，我了解到一个让我大吃一惊的事实：研究者成功地证实，动物之间可以用真正的句子进行交谈。也许你不相信，目前有确切证据表明能够用整句交谈的两种动物分别是山雀和生存在南非地区的画眉鸟（参见第 77 页知识卡片）。

你知道普通声音和话语之间的区别吗？答案很简单，但也让人惊叹：普通声音就是人或者动物发出的不具有特定含义的声音，喉咙里咕噜咕噜的声音、口哨声、叽叽喳喳的声音等，数量和种类有限，而且有时候因为区别不大，这些声音还很容易被搞混；话语则是由很多声音组成的，或者更确切地说，是由不同音调、不同内容的声音组成的，我们可以把这些声音自由组合，并且通过各种排列组合来尽可能表达更多的信息，同时减少被听错、被误解的可能性。不过，这个美妙的想法可不只是我们人类才有 —— 生活在澳大利亚的栗冠弯嘴鹛，也会把它们的声音组合成短语。

有个有名的德国谚语：牛皮都不够！这句话的意思是，某个人犯下的错误太多

了，人们在大大的牛皮上也写不完。谚语的字面意思和它要表达的意思相差较大。一个有意思的事实是，动物也会使用谚语，长尾猴就是这些聪明的小家伙中的一种。

说了这么多，你可能会问，动物会不会拼写呢？动物进行拼写？听起来简直不可思议！不过，真的有研究者对此进行了实验——他们教会了鸽子英文单词。实验的过程很简单，如果鸽子认出了真正的单词，它就会获得食物奖励；如果它们认出的不是真正的单词而只是字母的随意组合，就没有奖励。慢慢地，熟悉实验规则的鸽子开始能认出新的单词了——它们记住了英文里字母组成单词的规则！

长尾猴是一种会用谚语的小猴子。

知识卡片

山雀，还有许多其他种类的动物，会像我们使用单词那样使用一些特殊的声音。比如说，它们有不同类型的哨声，研究者给这些哨声标号为 A、B 和 C，ABC 连在一起的含义为：到这儿来！还有一个哨声 D，它的意思是：小心一点！这些哨声可以被组合，连在一起成为句子：到这儿来，但是小心一点！在一次**回放实验**中，研究者用喇叭在山雀面前反复播放这些哨声，山雀会对 ABCD 顺序的哨声组合做出反应，而对 DABC 顺序组合的哨声就没有反应。换句话说，词语的顺序，也就是句子的结构是至关重要的。有时，就这样一个简单的观察结果就可以证明，动物也能用句子说话。

我们能听懂动物说话吗?

难以置信却千真万确:
我们甚至连青蛙的话都能听懂!

对我来说,只要谈到动物,就几乎没有什么能让我吃惊。不过有一篇文章还是打破了我的认知,让我大跌眼镜。事情是这样的。科学家想知道,普通人是不是也能通过动物的叫声来了解它们的内心状态,于是他们做了这样一个实验:在实验中,每个参与者都会听到同一种动物的两种不同的叫喊声,然后,他们需要判断,哪种声音听起来更气愤、更焦躁。实验结果显示,人类竟然能够"听得懂"许许多多不同的动物——从青蛙到鸟儿,再到大象或者是猴子……也就是说,我们和其他脊椎动物之间,共享着一种通用的"理解密码"(不过,鱼类是个例外)。

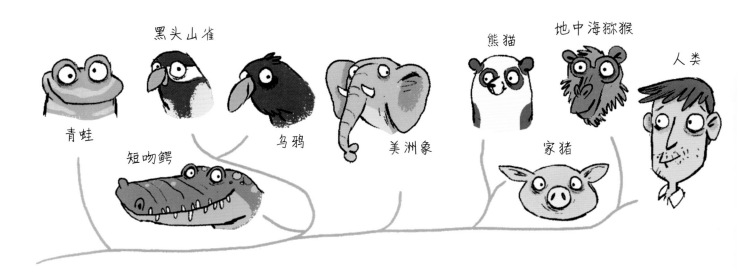

黑头山雀　乌鸦　美洲象　熊猫　地中海猕猴　人类　青蛙　短吻鳄　家猪

我们可以根据一只青蛙的叫声来猜测它的感受吗?是的!而且,我们能通过声音感受的不仅仅是青蛙的情绪,也许是所有的脊椎动物的情绪(鱼类除外,因为不通过辅助手段,我们是听不到鱼类的声音的)。

下载不同的动物叫声（下载方法见本书第166页，可以请爸爸妈妈或老师帮忙）。你可以把每种动物的两种不同叫声放给朋友和同学听，并问问他们，哪个声音听起来更像是在生气。我很期待，你是不是能够通过自己的实验证明我们在这一节所说的科学家的研究结果呢！

我可没有不高兴！

动物的思维

人类和动物的行为，
是由两个截然不同的过程控制的，
那便是思维与感觉。

思维意象的产生

我们这个星球上的第一缕思维。

对于单细胞生物，或者结构非常简单的生物来说，形成思维这件事很难，因为它们只能通过反射来对外界做出反应。举个例子来说，当这类简单生物注意到有食物时，其感官系统会给它们发信号，告诉它们该往哪个方向移动，然而，一旦这种刺激信号消失，这群"小简单"就会完全忘记自己刚刚干了什么。请你想象一个场景：一只猛兽正在追击猎物，逃亡的猎物躲到了一棵树后面，在那一瞬间，追捕的猎物在猛兽眼前消失了，也就是在这个时候，这只猛兽突然忘记了自己刚刚在干什么。这听起来很糟糕，不是吗？这对抓捕猎物来说，相当不利！

为了解决这个问题，大自然有了一个绝妙的发明：思维意象。捕猎者脑海中会形成一个代表猎物的意象，这种意象会一直出现在捕猎者的脑海中，所以它知道猎物不可能一下子就消失。当猎物躲到树后面，捕猎者会产生这样的想法：哦，我的猎物在树后面消失了，但它不可能一下子就不见了，我得到树后面去找找。

这很有可能是我们这个星球上的第一缕思维。产生这种思维的先决条件是有一个由神经细胞网络组成的小型神经系统。借由这个系统，人或动物能把所产生的感官印象，比如猎物的形象，保存在大脑中。

接下来的一步也很重要，就是要通过另一种感官 —— 听觉 —— 来检验这种感官印象，捕猎者会竖起耳朵仔细听树后是否有动静。

灌木丛中发出窸窸窣窣声音的可能是美味的食物，也可能是潜在的危险，我们马上去看看那到底是什么。

我们再举一个例子，假如你在丛林中听到了一阵窸窸窣窣的声音，你会不自觉地转向声音的方向，要去看看是什么发出这种声音。这时候，你的大脑中已经有了"窸窸窣窣声音"的思维意象，并开始用另一种感官——比如视觉——去搜寻到底是什么发出的声音。这两种感官的双重保障非常重要，可以帮助我们做出更恰当的后续行为。如果你每次听到这种窸窸窣窣的声音抬腿就跑，那你可能会错失你的猎物，还会白白消耗很多能量。在判断基本安全的情况下，你可以小心翼翼、蹑手蹑脚地靠过去，因为那也有可能代表着一顿美味的大餐。

通过这些简单的例子，你现在已经对动物的思维了解了不少。不过，这还远远不是全部，因为动物也会充满逻辑地、抽象地，甚至是具有策略性地思考。而且，许多可爱的动物，甚至还会对自身进行思考呢！

小球去哪儿了？

帽子戏法是一个很有趣的实验，但有时路边也有很多骗子用这个戏法来骗人。

　　你知道帽子戏法吗？很多骗子都喜欢用这个小把戏敛财。在这个小戏法中，有三只小小的碗，玩戏法的人会在其中的一只小碗下放上一颗小球或者其他什么东西，随后就快速地来回移动三只碗，而你要一直盯着扣着小球的那一只，最后，如果你能正确地说出来哪一只碗底下有小球，那你就赢了。通常情况下，我们人类和很多动物都可以成功地完成这个实验，也正是因为这个原因，很多人都觉得自己肯定能赢，最终陷入骗子设的圈套，不知不觉就被骗了。你也可以和你的朋友们玩一下这个小戏法，不过千万不能用钱做赌注！而且，无论如何都不能和马路边玩帽子戏法的人赌博，因为这是被明令禁止的。你也可以在视频网站上看到很多关于帽子戏法的有趣视频。

学会分类

把我们多姿多彩的世界分门别类！

现在我们已经能够在头脑中储存思维意象了，接下来的一步是一次大跨越——形成分类思维。这个过程很重要，也很实用。比如，把所有看见我就逃跑的统称为猎物；而那些要抓我、追我的，就是捕食者。

上面的思维过程一旦建立，你就可以实现更复杂的分类。大自然中有许许多多令人难以置信的案例。有一种很特别的园丁鸟，它们修建巢穴并不是为了自己的宝宝，而是为了尽可能多地吸引异性，进而把它们引诱到自己宫殿般的巢穴中来。雄性园丁鸟外观平平，看起来很不起眼，它们却会修建极为漂亮的鸟窝，这些鸟巢漂亮到当欧洲人第一次在新西兰看到这些"鸟窝艺术品"时，竟然以为它们是当地人搭建的玩具娃娃屋。园丁鸟的巢穴之所以看起来不像是大自然的产物，是因为

这种鸟儿可以对不同的颜色进行区分、分类。它们会尽可能地找东西装饰自己的"求偶亭"——最重要的是，所有的装饰物都保持一种颜色，因此尤为引人注目。

鸽子能够区分男人和女人。说来惭愧，在我们人类连雌雄鸽子都分不清的时候，它们甚至都可以把人类照片按照性别区分开！另一个让人惊讶的事实来自蜜蜂，它们竟然能区分不同的人类艺术作品（详见本节的实验）。

园丁鸟筑巢不是为了照顾宝宝，而是为了吸引异性，年轻的雄鸟会向长者学习建造技术。

请观察下方的六幅图画，并把它们分为两类。

答案见附录。

A

B

C

D

E

F

动物的逻辑思维

思维发展的重要一步！

"这是合乎逻辑的！"当我们提到那些看起来合乎规律、觉得理所当然没有疑问的事情的时候，这句话总是张口就来，以表达这些事情我们根本不需要花太多心思去想。然而，这种想法实在是大错特错。因为我们所提到的逻辑思维，是个相当复杂的事物。

通常来说，"逻辑"可以被描述为类似"如果……就……""因为……所以……"等条件关系，也就是说，当某件事是什么样的时候，与之相关的其他事物也会按照一定规律呈现一定的样子。不过，逻辑思维也并不都是这样简单。让我们来看一个简单的实验：人们在一个小盒子里装上干粮，并摇晃它，使它发出比较大的响声，一些可以进行逻辑思考的动物就知道，这个盒子里一定有东西——它们不需要提前看到人们装干粮的行为，就知道了这件事情。不过，需要注意的是：只有当受测动物之前没有接受过这种声音的训练（详见第90页知识卡片），也就是对这种声音一无所知的状态下，这个实验才得以进行。

再来点儿复杂的。一只动物，在它能够进行逻辑思考，并且知道自己面前的两个盒子中只有一个装着干粮的情况下，当

↖ 鸽子可以进行逻辑思考。

人们只晃动了空盒子时，它也能够做出正确的判断。因为按照排除法，如果这只盒子晃起来不响，那另一只盒子里面肯定装着食物。目前，动物中只有类人猿、灰鹦鹉、凤头鹦鹉、新西兰啄羊鹦鹉、狗和部分鸽子能够成功通过这个实验，人类则从3岁起就可以通过。

大自然中也有关于逻辑思维的例证：研究者在一只大象行进的路上，放上了沾有与它同行的另一只同伴尿液的泥土。有趣的是，这只大象一下子就明白了，它在自己前方泥土中闻到的尿液气味，竟然来自走在自己后面的同伴。研究者描述，当时这只大象表现出极度惊讶的表情和行为，他们由此得出结论，这只大象进行了这样的逻辑思考：我的同伴明明走在我后面，我怎么会在前面的泥土中闻到它的气味？

研究者利用大象的尿液，
来测试它们的逻辑思维。

知识卡片

  以前，在行为生物学领域，几乎所有动物行为都是用"条件反射"来解释的。它阐述了一个非常简单的思维过程，即特定的行为反应是由特定的刺激所引起的。例如，用美味的小饼干去训练你的小狗，小狗会对小饼干产生反应，这就是条件反射。在自然界中，条件反射是一个很实用的生理反应，因为这种生理反应一旦建立，动物行为就会因其所带来的好处、成就感或者是奖励而进一步加强，这一过程也被称为"积极强化"。一旦动物通过训练知道了盒子里面的沙沙声代表着食物，它们就会对那个盒子做出相应的反应。这一过程就是对外界刺激的条件反射，但它并不是逻辑思维。

盒子里装的是什么无所谓——重要的是，你训练的动物要喜欢它！

　　也许你养了小狗、小猫，或者你有小弟弟、小妹妹，他们愿意作为受测者参与你的这个小实验。给他们展示两个完全一样的小盒子，并给其中的一个装上一些好吃的，多重复几次这个行为，让他们知道，两个盒子中有一个里面总是装着好吃的。接下来，你要背着他们把两个空盒子中的一个再装上好吃的。然后摇晃一次有东西的盒子，再摇晃一次空盒子，这样重复几次。如果你的小伙伴在你最后摇了空盒子的情况下，依然选择了有东西的盒子，那么就可以证明，它／他／她可以进行逻辑思考，也会使用排除法 —— 面对同样的实验，你也会这样思考。这个实验可以帮助我们很容易地理解动物（或者是小孩）是如何思考的。

来摇我吧！

动物的抽象思维

哲学家的高深思维，或许连小鹅崽都会有。

对于很多人来说，**抽象思维**是个特别的事物，也有一些人根本就不相信自己具备这一能力。然而，关于抽象思维，人们却观察到越来越多让人难以置信的事情，比如，刚出生的小鹅竟然能够通过关于抽象思维的测试！

也许你听说过康拉德·劳伦兹这个名字，他是奥地利动物学家，他用刚出生的小鹅做了一次实验，在实验中，他给这些动物留下了深刻的印象。换句话说，这些小鹅把康拉德当成了妈妈，无论康拉德走到哪儿它们都要跟着他。还有一部电影叫《伴你高飞》，在这部电影中，16只小雁找不到妈妈了，14岁的艾米就驾驶着滑翔机飞在它们前面，带它们顺利迁徙到了夏天的栖息地。电影中的艾米也给小雁留下了

小鹅也会进行抽象思考。

深刻印象，失去妈妈的小可怜们跟着艾米飞在空中，就像跟着妈妈一样。

"印刻"是一种很特别的学习模式，通过印刻学习到的东西很难被改变。也因此，研究者对印刻现象的形成机制颇感兴趣。然而，研究的结果却让人大吃一惊——小鹅崽是通过抽象分类形成印刻这种学习模式的。这个结果表明：动物也具备抽象思维。不过这种能力通常只能在特定的时间段内发挥效果，很多动物一旦成年，就不再具备了（详见第94页知识卡片）。但也有像我们人类一样，一生都具有抽象思维能力的动物。我上大学的时候，有时会帮一个朋友准备她为**测评中心**做的课程，那其中就有一个测试是关于抽象思维检测的。不过，很多人都没能通过那个测试。测试结束后，策划方会给参与测试的人解释测试原理，不过动物就没有这么好的待遇啦。

那么，到底什么是抽象呢？其实很简单。试想，你要对一些艺术作品做个分类，比如哪些是毕加索的，哪些是莫奈的，这种分类你只能通过对作品之间的类比来实现。如果不理解的话，你看一下这

乌鸦是少数几种一生都具有抽象思维能力的动物之一。

一节的趣味实验，就能明白了。到目前为止，成功通过抽象思维测试的动物有类人猿、狒狒、大象、海豚和乌鸦。能通过测试的动物种类可能会很多，因为截至目前，只有很少的动物种类接受了测试。

知识卡片

不同年龄段对应的不同能力：也许你还能回忆起来你和父母一起玩记忆游戏的场景，那应该是一段很棒的经历，因为大多数情况下，都是你赢了。不过，可别高兴得太早！因为如果有一天，你和你的孩子们玩同样游戏的时候，那群小家伙很有可能轻轻松松就把你给赢了。原因很简单：当孩子们还很小的时候，他们没有足够的知识储备来认知、解释这个世界——青少年和成人可以比较容易地在已有认知的基础上添加新知识，而小孩子却没有这种能力——因此，对他们来说，在大脑中存储尽可能多的视觉印象是很重要的。小鸭子、小鹅也是一样的。对于这些刚出生的小可爱们来说，通过一些标志性特征（或者基本的模型）来认自己的妈妈是一件非常重要的事。而在这一"图像识别"的过程中，抽象思维能力极为重要。前面我们讲过，大多数鸣禽都只能在小时候学习唱歌，只有那些具有语音学习能力的鸟儿才能一直学习发出新的声音。也就是说，许多能力，只有在特定的年龄段才能很好地发挥作用。

在记忆游戏中，大人们总是输的那一方，孩子们对这种游戏更擅长。这究竟是为什么呢？

趣味实验

趣味实验1:

基于抽象思维的图像识别:请看下面的图片,共八行,每行三张。在每行中选出一张与其他两张不同的图片,并把它对应的字母写下来。如果你都找对了,那么你就具备了抽象思维能力;否则,你知道的,你的抽象思维能力可能还比不上一只乌鸦!

（答案请见本书第 166 页）

趣味实验2:

和你的爸爸妈妈还有小弟弟小妹妹或者邻居小朋友一起玩记忆游戏,看一看,谁表现得更优秀。

动物的策略思维

换个角度思考，往往能更快实现目标。

策略思维可以是一种复杂的思维过程，比如说，去往火星的载人航天工程，就是一个策略性的计划，它需要许多人经过很多年的共同努力才能实现。但同时，策略思维也可能就发生在一瞬间。我到今天还清晰地记得小时候的一件事情。有一次我不小心打翻了一个放在电视机上的花瓶，就在那一瞬间，我的脑子里如电光石火般闪过一个上佳的策略，在爸爸马上要责备我之前，我一下子就钻到了桌子底下，把电视机插头从插座里拔了出来。就这一念头和一系列的动作，让我本该经受的劈头盖脸的批评教育，变成了肯定和赞扬，我得到了小英雄一样的待遇。我尽管当时年纪很小，也知道水和电碰到一起会很危险，所以一下子就清醒地产生了那个策略性的想法。直到今天，我还为自己当

时的行为感到自豪呢！如果去擦花瓶里洒出来的水，不仅达不到目的，还有可能更危险！这就是策略思维体现出的智慧——换个角度思考一下，直面问题的根源。

在大约 2500 年前的古希腊，有一个大诗人和思想家伊索，尽管他是当时世界上最聪明的人之一，他的身份却只是一个奴隶。伊索试着用简短精妙又富含智慧与哲理的寓言，来阐述他对世界人生的洞察。其中有一则寓言至今还被人们津津乐道，就是"乌鸦喝水"。在这个故事中，一只乌鸦口渴难耐，它发现了一个装着水的瓶子，不过遗憾的是，瓶子里的水只装了一半，而瓶颈又细又长，乌鸦怎么也够

不到这救命的水。就在这时，乌鸦发现了一些小石子。它一颗颗地衔起石子并把它们扔进瓶子里。慢慢地，投进去的石子越来越多，瓶子里的水面也一点点升高。终于，水面升到了瓶口，乌鸦喝到水了。这是一个典型的策略思维过程。不过，乌鸦真的能够进行带有策略的思考吗？答案是肯定的。一个新西兰的研究员受到伊索寓言的启发，做了一个乌鸦喝水的实验，最终成功了。

在下一节"动物的创造力"中，我们还会了解到一些非常相似的案例。"创造力"和"策略思维"有些相似，带有策略性、充满计划性的思考和行动，往往会催生出具有创造力的解决方案。

知识卡片

动物界的战争？这也许令人难以置信，研究者在自然界中的一个黑猩猩种群里，发现了一场有组织、有策略、有计划，且持续了几年的战争。几只黑猩猩蹑手蹑脚地排着队入侵了另一群黑猩猩的领地，并一个个地袭击了对方阵营的同类，杀死了它们。这个慢慢入侵的游击战持续了很长时间，直至被入侵阵营的"原住民"再也不敢进入它们原有的领地。当战争结束，一切大功告成，这群入侵的黑猩猩便在它们位于乌干达基巴尔国家公园的新领地上恢复了正常生活，它们不再小心翼翼地排着队走路，而是四散开来自由奔跑、打闹。也就是说，它们已经把这片新领地当成了自己的家。

动物的创造力

创造力：所有发明的源泉！

想知道动物是不是也可以进行策略性、创造性的思考，我们得设计一个与它们生存环境直接相关的简单可行的实验。下面就是一个简单却非常巧妙的实验：研究者在一家海豚馆里，安装了一台用透明塑料制成的食物投喂机，生活在这里的海豚要想吃到这个装置中的鱼，就需要往装置上面放上四块重物，重量的增加会触发其机械开关，里面的鱼就可以游出来了（详见下一页的设计图纸）。海豚是少数几种可以通过模仿进行学习的动物之一。于是，一名潜水员进入水下，给它们演示这个食物投喂机是如何工作的——潜水员拿了一块重物放在装置上，然后游回去，又拿了一块放在装置上，来来回回重复这个动作。海豚通过观察明白了这个原理，并且开始享用从投喂机里游出来的鱼。接下来，实验开始了。实验的特别之处在于，打开装置需要用到的重物不再被直接放在装置旁边，而是被放在了水池中离该装置 40 米远的一处角落里。一般来说，训练有素的动物会来来回回游上四趟去取重物，而掌握了策略思维能力、能够想出创造性解决方法的个体，则会一次性把所有重物都拿来，以减少来来回回的次数——海豚就是这么干的！通过这个实验，我们知道，海豚也能够进行策略性的思考，也能够想出解决问题的创造性方案。

98

知识卡片 1

在自然界中，我们也能通过对不同动物的各种捕猎方法的观察，发现它们的策略性思维和创造力。随着生物的进化，不同的物种形成了不同的捕猎方式，但这些捕猎方式大多是先天基因遗传的结果。因此，即便这些追捕行为看起来极富策略艺术，也与策略性思维没什么关系。但同时，也有一些种类的动物，能够在不同的领地中使用不同的捕猎方式，甚至可以对捕猎方式进行调整、改变以适应不同的捕猎条件。这种改变和适应可能会随机出现在单个案例中，它们很可能主要是基于策略性和创造性思维解决问题而产生的。你可以在下一页的知识卡片中了解到一些不同捕猎策略的例子。

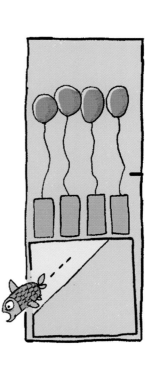

海豚可以轻轻松松地通过策略思维的测试。

知识卡片 2

几个真正体现捕猎策略的例子。

虎鲸：

🐾 包围游动的鱼群，将它们控制在一个很小的空间内；

🐾 冲上平坦的沙滩以捕食海狮；

🐾 掀起海浪，把海豹或者企鹅从大块的浮冰上冲下来。

虎鲸（也叫逆戟鲸）是海豚科的一种鲸类。

瓶鼻海豚（又叫宽吻海豚）也是海豚科的一种鲸类，你可以在电视上见到它们的样子。那喜欢在水中翻滚穿梭的"白精灵"——白海豚和瓶鼻海豚是近亲。

瓶鼻海豚：

🐾 将鱼儿们驱赶到浅海区域，逼迫它们上岸搁浅，然后捕食这些躺在岸边的鱼；

🐾 吹出气泡墙或者卷起污泥，挡住鱼儿们逃跑的路；

🐾 把海绵套在嘴上作为一种保护嘴的套子，在海底泥土里找食物；

🐾 与人类合作（在南美和亚洲一些地区）：海豚帮助人类把鱼儿赶进渔网，并由此获得"工钱"——美味的鱼儿。

自我反思

对思考的思考。

你会经常进行自我反思吗？为什么那个人不再喜欢我了？又为什么另一个人突然对我表示好感？生命的意义是什么？我又能对此做出哪些努力？我是不是为明天的工作做好了充足的准备？还是不管它，是什么样就是什么样？所有这些，都是你对自己提出的问题，或者说对自身的思考，也可以叫对自我的反思。这种思维过程叫作"元认知"。就在几年前，人们还认为只有人类才拥有这种认知能力。

举个例子来说：想象一下，现在是学期末，你的成绩一直摇摆在及格线边缘，你的老师给了你改变现状的机会。他给了你两个选择。第一个选择：你需要完成一个内容不多也相对简单的家庭作业，但完成之后不一定能保证你会有更好的成绩。第二个选择：你需要做一个很难的报告，且不容有失，这可以让你取得好成绩，但如果完成得不好，你最终的成绩肯定会很差。面对这两个选择，你当然要好好考虑一下：我是不是有充足的时间去准备并出色地完成明天的报告；或者我还是愿意选择简单一些的家庭作业，这样也有50%的机会获得更好的成绩。

尽管图中小狗戴上耳机看起来很有趣，但是你最好不要这样做！一定要考虑一下小动物的喜好，尊重它们的想法和感受，这样才能让它们舒服、快乐！

也有一个类似的针对动物的实验。在这个实验中，动物需要区分两种长短不同的声音。当这两个声音一个只有 2 秒长，另一个有 6 秒长时，这个任务就很简单。但是，如果这两个声音差不多长，任务的难度就变大了。面对这种情况，动物也需要思考一些问题：我是不是肯定能把这两个声音区分开？我要继续挑战难度大的实验吗？如果答对了，肯定会有好吃的；如果没答对，那就什么也没有。有些动物或许也会想，那就干脆不参加这个实验了！在这种情况下，它们或许也能得到一点吃的，就像我们接受简单家庭作业也有可能比做很难的报告得到更好的成绩一样。

在这个实验中，动物是否选出了正确答案并不重要，重要的是，它们是不是真的要选择参与这个实验。这个选择的过程，只能通过自我反思来实现。如果小动物认为自己一定能够正确地区分出两个声音，那它一定会选择参与这个实验；否则，它就根本不会到测试机跟前去，只求得个"安慰奖"就好了。

接下来你会看到这些动物通过了类似
的实验测试：老鼠、鸽子，还有蜜蜂！

要是有人问我，哪些动物能够进行自我反思？我可能会说，黑猩猩、海豚，或许还有大象。

但事实或许让你吃惊，像老鼠这样的啮齿动物，鸽子这样的鸟类，甚至是蜜蜂都可以进行自我思考。实话说，我自己也不敢相信，但实验测试的结果就摆在那里，是不允许被随意改变的。也许你还能回忆起来，我在前面的章节中，将蚂蚁的"自我认识"和大象、类人猿以及我们人类的"自我意识"进行了区分，而产生这些差异的原因，就是我们在这一节提到的

自我反思，也就是"元认知"。研究蚂蚁的自我认识，还有蜜蜂的自我反思，听起来是不是有些离谱？但看起来不起眼的小虫子，就不能像我们一样思考吗？想法似乎很荒谬，但这两项能力也许只是这两种动物自己发展出来的特殊才能，这些能力在它们的日常生活中很重要，因此它们逐渐发展出了这些看似不可能的能力。从这个角度来看，目前的我们，正生活在一个崭新的时代，我们将会学习到更多我们以前所不了解的新东西。

鸽子也能进行自我反思。

自制力

"延迟满足"可真是大自然的一个绝妙发明。

自我反思并非动物行为的目的，而是一个过程和手段。因为没有自我反思，我们就不可能培养起自制力——科学家将这种控制性行为称为"延迟满足"，即通过推迟对当前欲望的满足以获得更大的满足。这时候，我们需要不时地对自己说："耐心一点儿！"俗话说得好："耐心是一种美德。"科学研究也表明，有良好自制力的人往往更容易取得成功。有一个著名的关于"延迟满足"的实验叫作"棉花糖实验"。但我把它称为"橡皮糖实验"，因为我是用橡皮糖对我那两个 4 岁的儿子做的这个实验。

乌鸦也有自我克制的能力。

橡皮糖实验：理想状态下，这个实验最好由 4 岁左右的小孩子参与完成，因为在这个年龄段，小孩子开始形成自制力。有研究结果显示，自制力更好的孩子在未来人生中往往会更成功。实验是这样的，我们先引导小孩子坐在桌前，在桌子上放一个盘子，盘子里装着他们非常爱吃的东西。我在家做实验的时候，给我的两个儿子准备了两块橡皮糖。接下来就是给他们交代任务，我对我的小男孩们说让他们等一会儿，我还有一些事情要做。在我离开屋子之前，我又补充了一句：如果你们能坚持不吃桌上的橡皮糖，等我回来的时候，你们会再得到一份相同的奖励。说完，我就离开了 15 分钟。你猜发生了什么？自己做做实验看看吧！

会数学很重要

动物也会算算术！

对于大多数人来说，数学是一门高深莫测的学问，代数、解析、几何、概率论……所有这些总是会让我们充满敬畏地呆在那里，我能真切地感受到一种不愉快的情绪慢慢侵袭你的周遭。这些都属于集合论的子领域，而计算数量对几乎所有动物来说都很重要——区分食物量的大小、判断自己面对的敌人数量的多少。基于此，大多数动物都很擅长对数量的估计，而这正是上文所提到的所有数学分支领域的基础。

你还记得我们在"抽象思维"那一节提到的小鹅崽吗？还有一个令人印象深刻的例子是关于和它们同为家禽的小鸡崽的——这些小可爱竟然会算算术！来看看这些计算题：哪一个得到的数字更小，4-2还是1+2？哪一个得到的数字更大，0+3还是5-3？当然，小鸡崽肯定没有做计算题的学习任务，但它们会用小球进行计算，而且计算结果是对的。

当了解到"几乎所有的雄性小鸡都会被宰杀，因为人们只想要雌性小鸡用来下蛋"这个事实时，我感到很悲伤。这在道德上真的说得过去吗？

小鸡崽也会算算术！

拿几颗棋子放在桌上，然后用一块厚纸板盖住棋子，别让人看到它们。现在，你邀请参与测试的人来到桌子前，短暂地掀开纸板让他／她数一数一共有多少颗棋子。此实验的关键点在于：你掀开纸板后，立刻又盖上，这个时间非常短。然后，你要让参与测试的人回答，他／她一共看到了多少颗棋子。一般来说，如果你摆放的棋子不多于 4 颗，大多数人都能正确回答，但数量再多就要靠猜了。不要给你的测试对象在头脑里重新数棋子的机会，因为他们看到棋子后，头脑里还会留存刚才看到的图像，所以，要让他们迅速地、不假思索地说出答案。在短时间内迅速捕捉到 4 以内数量的能力，我们和许多其他动物都具备，比如说蜜蜂。

从动物身上学习

我们人类并不像自己想象的那么聪明!

也许你听说过"金融危机"这个概念。2007—2008 年的金融危机,引发了一系列糟糕的经济问题。根据世界粮食计划署的估算,这场金融危机使 1 亿人处于贫困甚至饥饿之中。因此,探究这场金融危机产生的原因,显得非常重要。

很多人将危机的爆发归咎于一些银行家肆无忌惮的、毫不避讳公众的贪婪,当然,政治因素也难辞其咎,政府被指责对金融行业的惊天骗局视而不见,也不追究责任人的责任。所有这些都没错,但都不是危机产生的根本原因。引起危机的真正根源,是一种典型的动物性行为,专业术语称作"**损失规避**"。

在这场金融危机爆发之前,特别是在美国各地区,每个人都可以从银行贷款买房。信用贷款的推销人或出贷方每促成一个用户贷款,就可以获得一笔报酬,至于贷款用户有没有能力偿还这笔用于买房的贷款,他们才懒得去验证。就这样,随着市场上的房子越来越多,出租房子的租金收入却越来越少,一些原本试图用租金覆盖贷款的人开始还不起贷款。为了填补银行的亏空,他们不得不靠卖掉房子来还贷。然而,随着越来越多的人开始卖房子,房子的价格也越来越便宜,比之前的

尽管经济危机爆发了,蜗牛还可以保有它的小房子。

价格低了很多。许多人又不愿意把房子卖掉了，他们观望着，想看看市场行情是不是能变好一点。可是事与愿违，房子的价格还是一天天往下掉，跌到了冰点。就这样，正是人们对于损失的规避，最终引发了经济的螺旋式下降。

当然有很多研究者对这种情形产生了极大的兴趣，他们想到了用动物来进行类似的实验（详见下面两页）。这个实验很简单，只需要有卷尾猴一类的动物参与就可以完成。从实验中我们看到，猴子之中也会爆发"金融危机"。通过这个实验我们发现，人类真的可以从动物身上学到很多。我们要知道，我们也是一种动物，也会陷入某种固定的行为模式而很难去打破它。**行为经济学**领域中就有专门分析那些人类极不合理行为的研究课题。研究者们会进一步探讨：为什么我们人类总是会在自以为深思熟虑之后，做出完全错误的决定，并最终导致全球性的灾难？

嗨！你还不如我们聪明呢！

下面的实验，真真切切是以卷尾猴为实验对象开展的。当然，实验者首先要教会这些小家伙用钱来买东西，但这对后者来说并不是什么难事。

实验过程是这样的：每只猴子有十美分，并可以用这些钱来买葡萄，而卖葡萄的人有两个 ——

第一个实验：

卖家 1：猴子给卖家看它们的十美分，卖家拿出一颗葡萄，双方达成交易。作为完成交易的奖励，猴子还可以再得到一颗葡萄。也就是说，它们最终得到了两颗葡萄！

卖家 2：猴子给卖家看它们的十美分，卖家拿出一颗葡萄，双方也达成了交易。而作为达成交易的奖励，猴子又额外获得了两颗葡萄，所以这一次它们一共得到了三颗葡萄。不过，下次再来，就有可能没有奖励，而只是拿到一颗葡萄。也就是说，这种类型的购买中，有时是三颗葡萄，有时是一颗葡萄。但多次交易平均下来，猴子最终也是每次得到两颗葡萄。

和你的朋友也做一下这个测试。大多数人，包括我们这群可爱的小猴子，都选择了卖家 1，因为这种稳固的交易方式会给人一种持续稳定的良好感觉；而卖家 2 的行为，会让我们多多少少感觉被要了。

112

第二个实验：

卖家 1：猴子给卖家看它们的十美分，卖家拿出了三颗葡萄，这么实惠的交易让每只猴子都喜出望外，但令人失望的是，最终猴子们只能拿到两颗葡萄。

卖家 2：猴子给卖家看它们的十美分，卖家也拿出了三颗葡萄，双方达成交易，猴子也确实拿到了三颗葡萄。尝到甜头的猴子下次还会去找这个卖家买葡萄，因为它们还想得到三颗葡萄，但它们并不是每次都能拿到三颗葡萄，有时候只能得到一颗。但多次交易平均下来，还是每次得到两颗葡萄。

现在请你想一下：大多数人或者猴子，会怎么选？是的，选择卖家 2。尽管上述两种情况下，购买者最终都会每次得到两颗葡萄，但选择哪一位卖家取决于这些商品是以什么样的形式被展现给大家的。在第二个实验中，购买者在购买前就看到了自己未来的潜在收益，即三个葡萄，而当它们没有能够用手中的十美分买到三颗葡萄时，它们会感觉自己的收益被剥夺了。所以它们不愿意每次都损失收益（选择卖家 1），而宁愿选择去赌一赌（选择卖家 2），哪怕有时候损失更多（只得到一颗葡萄）。这，就是典型的"损失规避"。

葡萄——让人垂涎欲滴的水果。

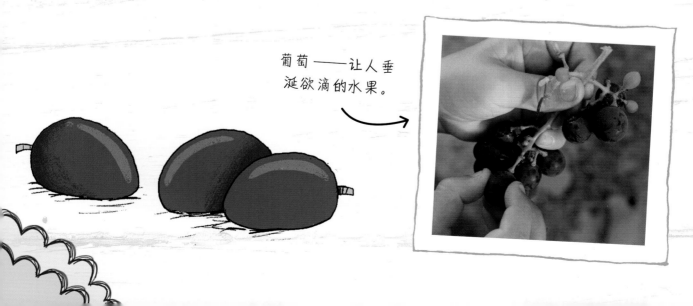

动物的感觉

感觉和我们的思维一样，
操控着我们的行为和决定，
但我们往往没有意识到。

谁是操控者？

我们所有的思想、感觉和行为都是由一种微小的分子负责和控制的！

在探讨和研究感觉之前，我想先解释一下动物与人类的身体构造，以及各种行为的产生过程。大多数人都认为，我们的身体是由神经系统操控的，我们的大脑会发出相应的信号。实际上，这种看法只对了一半，大脑内部的交流，或大脑与身体其他部位进行交流，不仅仅靠神经，还依靠一种被称作**激素**的信使物质。激素是一种生物化学分子（还有另一种被称作**神经递质**的生化信使物质，在神经信号的传导中起作用），由人体的内分泌系统分泌，它们与我们身体细胞表面被称作**"受体"**的物质发生反应。确切地说，我们的身体中存在着两套操控机制，一套是神经系统，另一套是分泌激素的内分泌系统。

你还记得"揭秘：为什么我们会感到有趣？"这一节吗？在这一节，我们了解到，一种叫作多巴胺的激素在身体奖励机制中扮演着重要的角色。在多巴胺的作用下，我们会觉得事情做起来更有趣，并愿意坚持做下去；同样，在多巴胺的作用下，我们也会感觉到周围的环境、接触到的伙伴让人感觉更舒适。

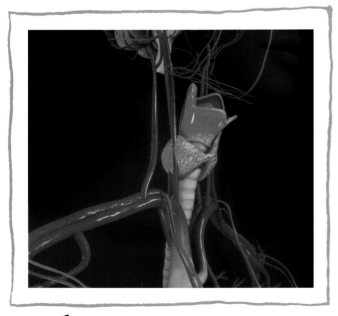

甲状腺是我们身体内分泌系统的一部分。

感觉这种东西，往往没有合理的解释，我们人类对感觉的态度也时时不同：一方面我们会说"我绝不会让自己被感觉牵着鼻子走"，好像感觉是一个很不好的东西，另一方面我们在许多科幻电影中，看到机器人能够"感觉"的时候，又会说它们就"像人一样"，这时候感觉又似乎是人类最重要的一个属性；一方面我们想超越感觉，不让自己被感觉左右，另一方面，感觉又让我们知道自己是谁。

感觉和它借助生化信使物质的传导对我们的操控，是大自然的一项原始发明，它已经深深根植于我们的基因之中。一种生物进化得越高等，它就越能超越感觉的控制。例如，我们人类可以克服恐惧，背着降落伞从飞机上一跃而下。但就像我们刚刚在上一章中讲过的一样，人类也有很难超越的感觉，比如"损失规避"。

不管我们怎样看待感觉，它都是操控我们行为的尤为高效的一种方式。没有了感觉，人类和其他动物的生活将是难以想象的！我们现在可以非常肯定，其他动物的感觉和人的感觉是相似的，其机制实际上也是一样的。"我们和动物的感觉不一样"这样的说法是没有根据的。接下来，我会用几个例子来说明这一点。

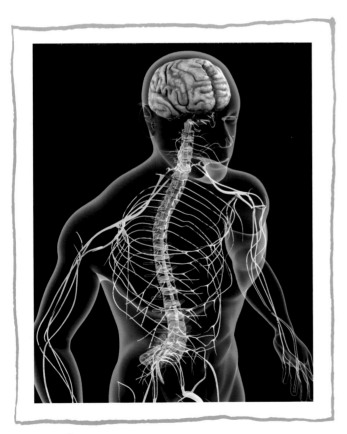

↑ 在人体中起主导作用的神经系统。

117

爱情的秘密

差不多在五亿年前，地球上就有爱情了！

你认为人类都应该对自己的另一半忠诚吗？如果答案是肯定的，那么你对一只哺乳动物的期盼算很高了。不过，如果你是一只鸟，那就另当别论了。鸟类对于爱情相当忠贞，有些会彼此共处一季，也有些甚至会相守一生。鸟类伴侣会在孵卵、育雏过程中彼此照应，共同承担相关工作。而哺乳动物中的雄性则往往会在让雌性怀孕后便扬长而去。由于母乳喂养的存在，雄性个体在育儿过程中往往是"多余的"。因此，在哺乳动物中找到一个对爱忠诚的物种，不是一件容易的事情。大多数哺乳动物都不会这样。而且，它们常常是雌雄性分开生活的，例如大象、海豚。

草原田鼠——无尽的爱。

在哺乳动物中，草原田鼠算少有的例外。这种小小的啮齿类动物，因其会有连续两天不间断的性行为而为大家所熟知。研究者想知道，究竟是什么"魔力"让这种滑稽可爱的小动物有如此"旷日持久"的爱情。他们在草原田鼠体内发现了一种已知的激素：催产素。为了检验是不是这种激素促成了草原田鼠的"长情"，研究者给草原田鼠注射了一种可以抑制催产素作用的药物，他们发现，被注射药物后的草原田鼠变得不那么忠诚了，开始和它们

的近亲山田鼠以及大多数其他的哺乳动物一样，成了名副其实的"负心汉"。

上述实验证明，催产素对于伴侣间的忠诚以及亲密关系的维系是有促进作用的。但催产素不只是一种"爱情药"，它也能增进社会关系中人与人之间的信任感。基于这种观点，有一个很有趣的实验：研究者对一些银行工作人员使用了催产素，然后观察他们贷款发放工作的情况。结果显示，在催产素的作用下，工作人员发放贷款速度更快了，也没那么多的官僚主义行为了。

另一种与催产素功能很相似的分子是鱼神经叶激素，这一激素是研究者在成对生活的鱼类中发现的。由此我们得知，或许在陆地上没有生命的时候，爱情或不同个体之间友爱的感觉就已经存在了。下一节中将会提到，我们找另一半的方式，和鱼类简直如出一辙，而一旦我们忽视这种感觉，我们的后代就会变得更容易生病，并因此落后于他人。

知识卡片

催产素是在生育完宝宝后不久的雌性哺乳动物体内发现的一种物质，它促进了母乳的产生，也有助于产后母婴间亲密关系的建立。通过剖宫产生产的女性经常需要通过使用催产素喷雾等手段来补充催产素，因为未经正常分娩的母体所分泌的催产素的量，往往不足以刺激其产生足够的母乳来哺育婴儿。

用鼻子找对象

选对了人，也能远离疾病！

你读到我在上一页中说的最后一句话了吗？你相信那是真的吗？也许你不相信，但事实确实如此。不管是狗、刺鱼，还是我们人类，都能"闻出"自己的另一半来。不过，这种情况只能在那些嗅觉很好的人中发生，有些人就没有这个能力。一家的兄弟姐妹往往在青春期之后就不再对彼此的气味敏感了，而且会认为对方的气味不大好闻——这绝对是大自然的一个高明手段，因为这有效地避免了人类的近亲繁殖。而这背后的"深谋远虑"则更令人难以置信。

你肯定知道，不同的人对于不同疾病的抵抗力不一样，有的人容易感冒，而有的人总是遭受脚气的困扰。这背后的根源就是我们的免疫系统。我们要知道，各类疾病病原体对于人体的威胁程度，不亚于捕食者。

刺鱼和我们一样，有一个善于"找对象"的"好鼻子"！

我们知道，海龟会用它们那厚厚的大壳抵挡敌人的攻击，也有很多动物会绝妙的伪装术，或者干脆撒丫子一溜快跑，以免落入猛兽的血盆大口。而我们身体内的免疫系统，则每时每刻都在我们看不见的地方竭尽全力地抵抗着那些会让我们生病的微小病原体。幸运的是，大多数情况下它都成功了。每个人都有自己的免疫系统，它能够帮助我们有效地抵御一些疾病，但也会有一些疾病是它不那么擅长抵御的。所以，当我们找对象的时候，我们忠诚的鼻子就会帮我们找到一个与我们的免疫系统尽可能互补的个体，而这最直接

的好处就是，我们的孩子们就没那么容易生病了。

研究者们是通过研究一种叫作刺鱼的鱼类动物获得这一发现的。这种鱼在小溪、小河中随处可见。

狗狗的悲伤

悲伤不仅仅是一种感觉！

你肯定悲伤过，也许你曾经因家中有人去世而陷入巨大的痛苦和悲伤中。我一直想知道，动物是不是也会感觉到悲伤？或许你听过这样的故事：一条忠诚的狗因主人去世，一直守在主人的墓前一步也不离开，最后饿死在那里。这是一个非常感人的故事，我也愿意相信这是真的。

不过，那条忠诚的狗真的是因为悲伤过度而死去的吗？这个问题很复杂，对于行为生物学家来说，要验证这个事实也并非易事。为什么呢？因为也许狗的行为和悲伤并没有什么关系。当我们意识到我们失去了一些与自己关系很亲密的人或者动物，同时我们明白，这种失去是不可挽回的，它刺痛了我们，我们会感到悲伤。

我不能也不想去否定那条忠诚的狗，但从行为生物学的角度来看，对于它的这

狗狗看上去那么悲伤。

种表现，有一个更简单的解释 —— 如果一条狗长时间只和一个人一起生活，当主人失去生命的那一刻，狗会发现它的整个"族群"都消失了，可以想见，这时的狗狗会六神无主，不知道自己该干什么。行为生物学家因此提出了一个重要的原则：真正悲伤的动物会关注死去同伴的尸

体，并依据其所在群体的情形做出相应的符合常理的行为。下面列举几个动物种群的例子。非洲地区有一群黑猩猩，它们的种群中有一种特别的死亡仪式，它们会相互学习着把死去的小黑猩猩的尸体加工成木乃伊，这样它们就可以把小黑猩猩的尸体带在身边长达几个月的时间。在海豚种群中，研究者也观察到了类似的行为。而大象则经常会走上几千米的路去"奔丧"，与自己的同伴道别。有时，它们还会用树枝盖住死去同伴的尸体。

然而，大多数的动物都不会理会同伴的逝去，甚至还有许多动物对同伴的尸体表示出厌恶，并迅速离开。这种厌恶是有好处的，因为这些尸体可能会带有一些导致传染性疾病的病菌。这也是感觉（在这里是对尸体的厌恶）左右行动的一个很好的例子。

为了能更好理解哪种精神层面上的因素是产生悲伤的前提条件，你一定要读读接下来的一节——"什么是共情？"。我保证，它会继续让你觉得不可思议！

大象把死去同伴的
尸体掩埋在灌木丛中。

123

情感的最高模式：共情

换位思考，或许是思维进化过程中最重要的发明。

什么是共情？

与其说共情是一种感觉，
不如说它是一种特殊的思维模式！

你有没有注意到，年幼的小孩子看到有人受伤，往往会有奇怪的表现。他们会跑开，或者哈哈大笑。他们知道，这种情况不大正常，但他们不知道怎么处理和应对，比如伸出援手或者给予安慰，这些都是要等他们长大一些才能想到和做到的事情，因为他们的脑部发育还没有那么完全。

继续深入讨论之前，我必须阐明一个事实："共情"这种说法实际上只说对了一半，因为它不仅仅是一种"情感"，也是一种"思考"。这听起来有些特别，是吧？在共情的过程中，我们设身处地站在他人的角度思考，体会着他人的想法和感受。

这种思考和情感一方面可以引导我们对遭受困难的人伸出援手，另一方面也能帮助骗子更好地行骗。

人们在一种名叫西丛鸦的鸦科鸟类（第 124～125 页所示的鸟类）中观察到了一系列非常有趣的行为：这种鸟类很喜欢偷同类的东西，每只西丛鸦在藏食物的时候，都小心翼翼地观察着自己是不是在被其同类窥探，一旦发现自己被盯上了，它们就会把藏好的食物挖出来，再换个地方藏。有意思的是，只有经常偷同类食物的"老鸟"才会有这种行为，还没有动"偷"这种念头的年轻西丛鸦则不会做出这一系列举动。人们这样解释西丛鸦这种"老少有别"的行为："老鸟"知道，同类会毫不犹豫地偷自己的东西；而年轻的小鸟无法想象会有同类偷窃自己的食物，直到自己也成了偷同类东西的贼，它们才相信同类也会这样做。也就是说，鸟儿是通过换位

126

虎鲸是很聪明但也很危险的捕食者。

思考理解这一点的。

也有动物之间相互帮助的例子。比如我了解到的，一头海豚曾帮助一头鲸鱼逃出了逐渐干涸的潮间带；一种鲸鱼会帮助另一种鲸鱼抵御虎鲸的袭击。在古希腊时期，甚至有钱币上印着海豚救助小男孩的场景。在"阻止暴力"这一节，你还会了解到其他关于共情的惊人事实。

在学术界，这种心理能力被称为"心理理论"——不仅为自己考虑，也能为他人考虑。这是一种很特别的能力。就我们目前所知，这是大脑所能做的最复杂的事情之一。

错误信念

能意识到别人的错误，
这是件超级复杂的事情！

心理理论（也就是能想他人所想）最高级、最复杂的形式，便是"错误信念"。这个概念跟宗教一点儿关系都没有，它的含义是：生物个体能够意识到，其他个体认为正确、真实的东西，实际上有可能是错误的。要想理解这个概念，你最好读一读我们在下一页的实验里提到的故事。

错误信念的研究也是一个证实科学技术在不断进步发展的绝佳例子。著名的发展心理学家迈克尔·托马塞洛在过去的数十年中发表了多篇关于错误信念的论文，他通过实验指出，只有人类才能理解错误信念的概念并拥有相应能力。然而，当其他研究者转变了研究方法之后（新的研究方法源自对低龄儿童的研究），他们突然发现，类人猿其实也具备理解这种错误信念的能力。

所以，对错误信念的认知并不是我们人类的"专利"。不过，在最后一章，我将告诉你为什么我们人类能够取得巨大的成功，那是因为我们拥有一些特别的能力。

你可以和不同年龄段的孩子一起来做这个实验。你要先询问一下，他们愿不愿意参加实验。如果他们同意了，就给他们讲下面这个故事：

很久以前，在加勒比海地区住着一个海盗，他肚子饿了，就给自己做了一个三明治，并随手放在了桌上。随后，海盗感觉口渴，就去给自己找喝的。就在这时，刮起了一阵大风，把桌子上的三明治吹到了地上。不一会儿，又来了一个海盗，他也把自己手里的三明治放在了桌上，吃之前他也感到口渴，也去找喝的了。第二个海盗刚走，第一个海盗就回来了，他看到桌子上放着一个三明治。

现在，你可以问参与实验的孩子们："这个海盗会吃哪块三明治呢？"

三岁以下的孩子会说："地上的那块。"

接下来，你继续往下讲这个故事，故事里，海盗拿起了桌上的三明治。随后，你再问孩子们："为什么他会拿桌上的三明治呢？"

大多数三岁以下的小孩子会努力想出一个原因来解释这个问题，但他们想不到，海盗并不知道他们所知道的，也就是第一个海盗并不知道自己的三明治已经被风吹到了地上。在他们的世界里，圣诞老人是可以同时和所有的孩子在一起的，这是一件多么美妙的事情啊！

如果你的实验对象里有稍大一些的孩子，他们会"有逻辑地"回答这个问题："第一个海盗会吃桌子上的那个三明治！"你可以继续追问："但是那个三明治不是他的，这个海盗会因此受到惩罚吗？"

稍大一些的孩子会回答这个海盗应该受到惩罚，因为他们已经能够根据事实情况做出正确的判断了。

为什么我们会一起打哈欠？

一起打哈欠是团结的象征！

你有没有过这样的时候：尽管你特别开心、兴奋，但是当你旁边有人打哈欠的时候，你还是跟着打了起来？如果没有，那就请看看我们的实验吧。

我们为什么会打哈欠？对于这个问题有各种各样的解释，但没有人知道确切的原因。我们人类并不是唯一会打哈欠的生物，狗会打哈欠，猫会打哈欠，小鸟会打哈欠。据说，连爬行动物和鱼类都会打哈欠。我们打哈欠，大多因为我们感到困倦或者无聊。

然而，和其他人一起打哈欠这件事的意义，还真有些特别——这很有可能就是我们对他人产生共情的一种方式。也许在很多年前的某个时候，我们的祖先们正走在一场长途跋涉的迁徙路途上，队伍里最

打哈欠会传染！

羸弱的那个打了一个哈欠，然后所有人没有说一句话，便心照不宣地跟着第一个打哈欠的人，接连不断地张开了嘴巴……好吧，那就休息会儿吧！

1992年，研究者们有一个惊人的发现。当一只猴子看到另一只猴子受伤时，它体内的神经细胞（也叫"神经元"）会和受伤猴子的神经细胞一样活跃。更形象地说，受伤猴子头脑中的神经活动像镜像一样呈现在观察者的头脑中。这就是"镜像神经元"这个名称的由来。当时人们认为，我们终于发现了共情得以产生的机制，就是

在我们的神经系统之中，有一个特殊的神经系统，即镜像神经元系统，我们用这个系统来模拟他人的思维和感觉。也许事实就是如此，不过这一过程并不仅仅来源于镜像神经元的作用，也不局限于发生在人类和其他灵长类动物身上。

镜像神经元帮助我们模仿在他人身上看到的行为，比如犯困，于是我们就开始一起打哈欠。我们了解到，虎皮鹦鹉、狼等动物也会一起打哈欠，小狗甚至会被人的哈欠"传染"！

打哈欠会传染——一种具有高度社会性的行为！

　　试着在你身处某个群体中的时候，比如在学校里，或者参加运动时，又或者是在周日的早晨，所有人都起来吃早餐的时候，一点点地打哈欠，刚开始不那么引人注目地轻声打，慢慢地越来越明显、越来越强烈，很有可能，就会有人跟着你一起打起哈欠来！

133

阻止暴力

"共情"是阻止暴力和侵略的"良药"！

大多数情况下，暴力源自攻击性，这背后有很多原因，比如当我们感觉遭受了不公平对待，就会产生攻击性（更多的内容见"公平与正义"一章）。事实上，暴力行为并不都是不好的，因为有时人们不得不通过暴力来维护自身的权益或者保护自己。为了不让已经发生的暴力行为升级，我们体内会有一种机制来限制我们的暴力行为。你已经知道这种机制了，它就是"共情"。

身心健康的人从特定年龄段开始就具备共情能力，不管是对其他人还是对动物。这种能力消除了发生极端暴力行为的可能性。然而，为什么我们会经常看到暴力行为的升级呢？为什么总是有战争呢？那是因为我们为暴力的施行给出了自己的"歪理由"，心理学家称之为"被害人贬值"，即暴力实施者通过对暴力承受者的贬低，来消除自身的共情感受。比如说，奴隶"当然"可以被随意打骂甚至被杀害，因为

老鼠也会"共情"。

"他们只是奴隶而已"；那个胖乎乎的家伙"当然"可以被任意嘲笑，因为他跟我们没关系，他只是那个胖乎乎的家伙，大家都很自然地对他做着一些对其他同学不可能做的事情。再比如说，那些供人屠宰的牲畜"自然"可以被杀死，因为它们就是被养来吃的动物，人们"当然"可以吃它们。我想，你应该明白我的意思了。

如果一切都是这么简单的话，那通过越来越多的深度共情，我们就可以避免极端暴力行为的产生。当然，如果有一种"共情药物"，那是再好不过的事情了。针对共情能力，研究者用老鼠做了实验，实验中的这些老鼠的表现和我的老鼠（详见第137页"趣味实验"）表现相似。这些老鼠明明可以先吃身边的巧克力饼干，再去解救落到陷阱中的同伴，但它们却选择了先将同伴从陷阱中解救出来，然后一起共享美食。通过这个实验，我们可以看到，老鼠的思维和感觉与我们人类是多么相似。否则，用老鼠进行实验研制出的药物，对人类将根本不起作用。用老鼠做实验可以帮助我们研制出许多治疗人类心理疾病的药物。我在本书开头提到的那只"会笑的老鼠"，就曾被用来测试针对抑郁症的药物。

这个捕鼠笼带给了我
意想不到的"惊喜"。

　　这个奇特的实验不需要你来做，它是发生在我生活中的真实有趣的经历。我的工作室位于一层，夏天的时候，工作室的推拉门是开着的。门外是花园，有时会有老鼠从花园里跑进来。但老鼠一跑进来，我就很难再找到它。于是我制作了一个捕鼠笼子，用一块坚果奶油牛轧糖当作诱饵，最终抓到了一只老鼠。这个方法很管用。直到有一天，我发现笼子被打开了，里面的老鼠不见了，一块小石头顶在笼子的闭合机关上。看到这一幕时，我能想到的唯一解释是 —— 一开始我都不敢相信 —— 一只老鼠被关在了笼子里，另一只老鼠发现了这个情况，它认识到同伴所面临的问题（这就是共情）。笼子外的老鼠思前想后，想出了一个解救同伴的方法。它收集了一大堆各式各样的小东西（在捕鼠笼子旁有羽毛、小塑料块、小木棍、小石头，我不知道这些东西是从哪里搬来的）。借助一块小石子的帮助，这只聪明的老鼠看到了胜利的曙光，它和被关住的同伴一起，合力用小石子顶开了笼子的闭合机关，就这样，笼子里的老鼠逃了出来。

从自然到文化

我们在一些词典中经常会看到
这样的解释：文化是由人类创造的
物质和精神的财富，与自然相对。
但事实上并非如此。文化是大自然
非常重要的一项发明。

动物的文化

虎鲸生活在地球上一种古老的文化之中！

如果你去查阅词典或百科资料，它会告诉你，文化是由人类长期创造形成的，与原就客观存在的自然相对。但科学家们却对文化给出了更为宽泛的解释。在这种解释中，任何通过社交活动所习得的行为，即通过向其他个体学习所掌握的行为，都属于文化范畴。人类文化也适用于这一解释。

先天获得的行为和自然习得的行为都不属于文化范畴。这两种行为在大自然中很常见，动物的大部分行为都属于这两种行为。因此，在动物世界中，"文化"现象相对比较少见，但也仍然存在，比如说饮食文化。

西方人用刀叉吃饭，这就是一种饮食文化，这是他们小时候从父母那里学会的；而在亚洲的不少地区，孩子们会学着用筷子吃饭，这当然也是他们的饮食文化；穆斯林不吃猪肉，印度人不吃牛肉，德国人不吃狗肉……这些都是饮食文化的

虎鲸也有饮食文化。

具体表现。

在加拿大西海岸地区，生活着两个不同的虎鲸种群，其中一个虎鲸种群喜欢吃鱼，而另一种群则只吃哺乳动物。它们生活在同一片海域，但彼此分隔，甚至两个

种群的成员很有可能都没有相互接触过。基因分析研究显示，早在大约 70 万年前，这两个种群的虎鲸就有着各自不同的生活方式了。研究者确信，这两群虎鲸的饮食方式是后天习得的行为，也就是说，这是饮食文化的表现。

时尚的引领者

不只有你一个人想变得酷酷的！

当你讨厌的那个人穿着你一直想要的昂贵的新鞋子来到学校，你肯定会伤心并表现出厌恶。不过，你有没有问过自己，为什么你也总是想打扮得又酷又炫、光彩照人，让自己变得仪表不凡、引人注目呢？

从行为生物学家的角度来看，问题的答案很明确：为了展示自己的健康、强大。拿天堂鸟来说，它们会长出长长的羽毛，这种羽毛极具美感却华而不实，有时候甚至会阻碍鸟儿的行动。不过，尽管知道这些不利于行动，天堂鸟还是坚持用这些华美的羽毛向同伴宣告自己的强大。科学家将这种行为称为"不利条件原理"。有一些动物，比如剑齿虎，也会为了引人注目，放大自己的"不利条件"，长出过长的犬齿，甚至它们可能就是因此而灭亡的。

我们人类既没有巨大的犬齿，屁股上也没有华丽炫彩的羽毛，所以我们要想炫耀，就得想出些新点子来，而想出的这些点子，也成了我们人类文化的一部分——从运动鞋到亮红色的敞篷车，人类的炫耀形式层出不穷。不过，这些形式只有在人

你的酷炫运动鞋和它的长尾巴有着一样的功用。

142

类社会中才奏效，动物可对这些一点兴趣都没有。对于它们来说，超级跑车不过是2吨重的破铁片；运动鞋那酷酷的橡胶鞋底，过不了一个季节就会被它们磨坏了！

也有一些比较"文艺"的展示方式，比如唱歌。谁能抵挡得住美妙歌声的吸引力呢？即便你唱得不是那么好，在你的歌单里也至少会有几首最新的歌曲。

座头鲸也会通过这种文艺的方式来表现自己。你可能曾经听到过它们唱歌。虽然它们有各式各样的适合不同情景的演唱曲目，但这些演唱没什么实际内容，只是为了展示谁更会唱歌。人们还不清楚雄性座头鲸是否会通过这种声音吸引雌性或者驱赶其他雄性同伴，但这些歌声毫无疑

问是文化产物，而且一直在变化。似乎那些会创造新元素或者能够很快把其他座头鲸创造的新元素融合在自己歌声里的雄性座头鲸（只有雄性座头鲸会唱歌）在群体中会显得更有吸引力。因此，一头座头鲸想要让自己充满魅力，就得是"时尚界的弄潮儿"，因为这显示了它快速学习的心智和潜力。科学家甚至把座头鲸的这一系列行为称为"穿越海洋的文化波涛"，因为这些美妙的歌声，是从一头座头鲸到另一头座头鲸不断传递下去的。

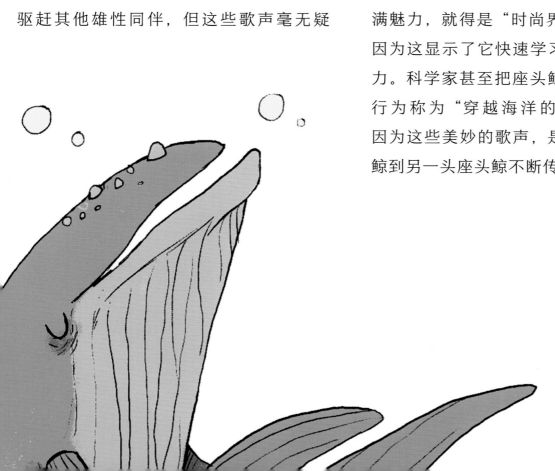

鸟巢的艺术

动物界的建筑师和设计师!

这就是我们的建造师傅。

总的来说，鸟巢并不是用来说明动物也能创造文化的好例子，因为鸟类筑巢的技能，往往都是先天遗传的。不过却有一些令人印象深刻的例外，比如我们前面提到过的园丁鸟的巢穴。这些称得上是艺术品的小窝在很多方面都很特别。这些巢穴不是为了生儿育女、养育后代建造的，而仅仅是为了吸引雌性同伴到巢穴中来。正因如此，与其他鸟巢相比，这些专为吸引异性而修建的巢穴被装饰得五颜六色，显得尤为引人注目。雄性园丁鸟甚至会用植物浆汁来粉刷巢穴四周，并到处收集与巢穴同样颜色的小玩意儿。这一切已经够令人惊叹了。更让人难以置信的是，人们还观察到年轻的园丁鸟会向有经验的前辈学习鸟巢的建造和装饰技艺。这就说到我们前面提到的"文化"的概念了。园丁鸟筑巢的方法显然是一种文化的产物，因为它是通过社交活动来习得和传承的。

这不是用来孵蛋的巢，
而是用来吸引异性的巢。

对工具的使用

黑猩猩也会使用工具！

100 多年前，人们还认为，只有人类才会使用工具。而今我们已经知道，不只是人类，甚至鱼和昆虫也会使用工具。但是，使用工具的本领，既可以是一种文化的产物，即通过社交活动习得的，也可以是自我习得的或者是先天遗传得来的。因此，在这一节，我们一起来看看一些不同类型的使用工具的例子。

自德裔美国心理学家沃尔夫冈·柯勒在特内里费岛上进行实验开始，我们就清楚地了解到，黑猩猩会使用工具。就在几十年前，我们还能在这座岛上观察到黑猩猩使用工具的行为。

举个例子，黑猩猩喜欢用"筷子"吃饭 —— 准确来说，它们只用一根"筷子"吃饭。想要吃饭的时候，黑猩猩就把这根"筷子"插到蚂蚁窝里，剩下的事情，就不用操心了，食物会自己送上门来 —— 愤怒的蚂蚁会奋不顾身地爬上那根小棍子，用尽全身力气死死地咬住这个让它们信以为真的敌人。

然而，让深陷战斗状态的蚂蚁大为吃惊的是，它们死死咬住的小木棍突然间被一股巨大的力量拽出巢穴，再被径直送到了一张大嘴里 —— 这张大嘴的主人，正是黑猩猩。对黑猩猩来说，这些到嘴的蚂

把蚂蚁当点心：这是在"蘸蚂蚁"还是在"钓蚂蚁"呢？

蚁是它美味的"蛋白质点心"。许多黑猩猩种群都会使用这样的方式来获取蛋白质。然而，有一件事情却引起了研究者的注意：有些黑猩猩种群使用的小木棍，要比其他种群用的长得多。对于这一现象，人们一直没有合理的解释。因此人们猜测，黑猩猩在用小木棍诱捕蚂蚁时，会观察其他同类使用的木棍的长度，久而久之，用这种或者那种长度的木棍，就成为该种群的一种习惯和传统。而习惯和传统，正是文化最简单的表现形式。

不过，有一位研究者发现，黑猩猩使用的小木棍的长度，与被诱捕的蚂蚁种群的攻击性有关。想吃更有攻击性的蚂蚁的黑猩猩，会使用更长一些的木棍，这样能避免近乎疯狂的蚂蚁顺着木棍爬到自己手上来报仇。

通过这样的观察，我们为一些黑猩猩种群使用长木棍的行为找到了自然性的原因，从而否定了"使用不同长度的木棍是源自文化"的观点。不过，黑猩猩对于锤子或者砧板的使用，就是另外一回事了。它们有的会选取石头来做锤子和砧板，有的则会选择木头，尽管这两种原料都能够获得，不同的黑猩猩种群还是会有不一样的选择。对此，人们没能找到合理的自然性原因。因此，这两种工具使用偏好的差异，一直被认为是文化因素所导致的。甚至有研究者提出"黑猩猩石器时代"这一概念，因为考古人员曾挖掘出几千年前的"黑猩猩石制工具"，这说明，黑猩猩于几千年前就已经开始使用石制工具了。

海绵可以被用来当"手套"——哦，
对不起，应该是"鼻子套"！

知识卡片

　　我们得区分，动物只是使用工具，还是它们也会自己制造工具。比如说，海豚在沙子里挖鱼的时候，会把海绵当成一种手套来保护自己敏感的口鼻部位（也许把这种护套叫作"鼻子套"更准确）——是的，你没有听错，请相信我，海豚会在沙子里挖鱼！但海豚只是使用了海绵，把它当作工具，并不会自己制造工具。而我们人类制作用来捕鱼的物品，比如捕鱼用的标枪，是一种具有策略性和计划性的行为，而不是对自然物的简单使用，这就是制造工具。

　　不要问我如果动物使用我们人类制造的工具的话，我们该怎么看待这个现象。有一个研究得很充分的有关鸟类文化的案例。在这个案例中，鸟儿借助汽车帮助自己碾碎了坚果！

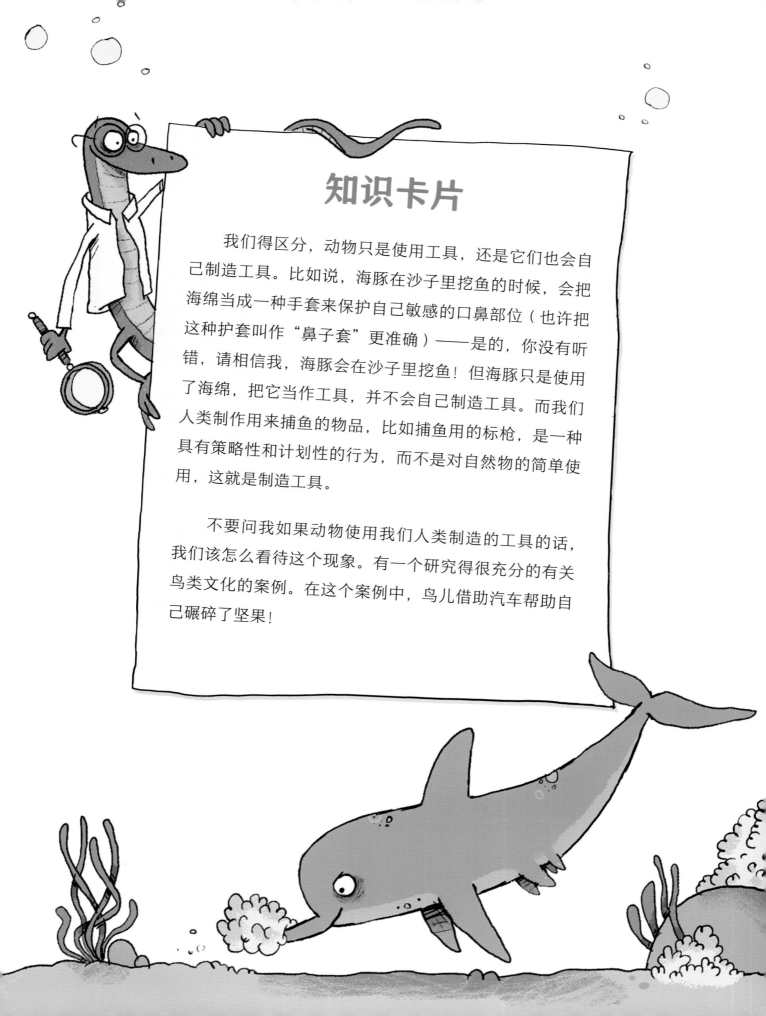

跳舞的海豚

给海豚看的海豚表演！

另一个研究得很充分的动物文化案例，发生在澳大利亚南部的阿德莱德。我的一个朋友麦克·波什来先生发现了一个有趣的现象。有一天，他注意到，一只雌性海豚正在用尾鳍推着自己向后游动。这极不寻常，因为这是在海豚馆里通过后天训练才可以做出的一种表演性行为，正常情况下，自然界中的海豚不可能做出这种动作。那么，为什么这只海豚会有如此反常的举动呢？

原来，这只雌性海豚曾在不久前被渔网缠住，好心人给它解开了网，把它救了出来。由于它受的伤太严重了，人们就把它送到了附近的海豚馆里悉心照料。这只幸运的雌海豚在海豚馆里一连住了几个星期，但它并没有参与馆里其他海豚的训练项目，它只是在那里养伤，伤养好了就被放归大海。然而，神奇的是，一段时间后，这只被放归大自然的雌海豚开始了我在前文中提到的只有在海豚馆里才看得到的"舞蹈"表演。也许，它曾偷偷地观察在海豚馆里被圈养的同类的行为，突然有一天脑子里灵光一闪："哇，这些动作看起来真有意思！我也要试试！"而今，在阿德莱德地区，很多海豚都会用尾鳍向后游动。由此，我们可以认为，这种以前只有在海豚馆里才看得到的表演行为，已经成为当地海豚种群中的一种文化产物。

海豚馆里的海豚，必须表演一些非自然
的技巧性行为。然而，用尾鳍跳舞已经
成为当地自然界中海豚种群里的一种
文化产物。

公平与正义

公平与正义是社会生活中最重要的元素之一。

追求公平

世界是不公平的，但我们可以努力让它变得公平些！

生活本就是艰难的，充满了不公。每当我们又一次抽到了最差的那支签时，我们总是这样自我安慰。为什么别人看起来那么一帆风顺，而受伤的总是我呢？我们一生中总是被这种痛苦的问题折磨着。智者告诉我们，不要相互攀比，快乐就在你心中。也许这句话很对，但作为社会性动物的我们，又怎样才能摆脱一次又一次的比较？

我们总是要确认，自己是不是在交往圈子中受到了公平对待，是不是自己所经历的一切都是公平的。从科学角度来说，这叫作"不平等厌恶"。"不平等厌恶"对于我们人类和很多其他动物来说，是一种与生俱来的意识和能力，它帮助我

们在社会性的交往活动中获得与自己相称的位置、回报与对待，并最终确保个体在群体中享受到了公正、公平，进而为整个群体内所有成员的和平共处提供保障。

关于"不平等厌恶"的第一个实验是由卷尾猴参与完成的，实验过程大致是这样的：两只笼子里各有一只卷尾猴，它们都得到了研究者交给它们的任务，要把一些小石头从笼子里拿出来。每拿出一块石头，作为奖励，它们都会得到一根黄瓜。然而，过了一段时间，当两只猴子都完成任务的时候，其中一只得到的奖励变成了葡萄——不只是我们，猴子也知道葡萄要比黄瓜好吃得多。由此，没得到葡萄的"吃亏者"对于这种不公平的对待表现出了极大的不满，它大声叫嚷着表示抗议，甚至把自己得到的那根"破黄瓜"扔出了

笼子。也就是说，这只猴子很明确地知道，自己遭受到了不公平的对待。

人们也用猕猴、老鼠、狗、大猩猩、乌鸦和黑猩猩做了同样的实验，这些动物表现出来的态度都与卷尾猴一样。然而，令人们感到吃惊的是，松鼠猴和红毛猩猩这两个物种，对于不公平对待完全无动于衷。这两个物种并不比它们那些同样参加实验的动物朋友"笨"多少，其对于不公平对待无动于衷的原因在于，它们是独居性动物，没有发展出这种在群居社会性生活中用来确保公平的行为机制。

由此，我们可以知道，"不平等厌恶"是我们在社会生活中一种重要的行为机制，它是我们得以抵制各种不公平行为的前提。

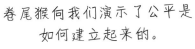

卷尾猴向我们演示了公平是如何建立起来的。

伟大的能力觉醒

公平是道德的基础！

我们对道德的判断根本上是源于我们判断某件事情是否公平的能力。道德标准并不是一成不变的，它会随着时间和地域的改变而发生变化，甚至有些情况下，通过一些手段或策略，人们就能够改变道德的标准。我们在"阻止暴力"一节提到的"被害人贬值"，就是这样一种操纵道德标准的伎俩。过去，人们将人类社会中的人简单地区分为拥有个人权利的人和没有个人权利的只为他人服务的奴隶。因此，在几千年的人类历史中，奴隶制度的存在是很正常的。而消除奴隶制的决定，则源自人们对于"不公平待遇"的认知，这是人类历史上一次伟大的认知能力的觉醒。

当我意识到这些事物的联系的时候，我总是会为我们的大自然感到骄傲：在她广袤的世界里，她可以展示给我们的，远比"吃"与"被吃"这样的故事多得多。

在我看来，公平就像大自然中的花朵一样美丽。一个动物也懂得这种美丽的世界，比一个我们对动物只有着有限的固定印象的世界，要令人兴奋得多，不是吗？

当然，对于公平的实验研究还远没有完成，因为仅仅是意识到"不公平"，并不等同于拥有了道德，这种意识只有经过道德评价并转化为行为，才能说道德形成了。如果前一节的实验中，那只得到了更好对待的猴子把它的葡萄拿出来分享，或者拒绝接受葡萄以表示抗议，这时候，道德就产生了。在一个以黑猩猩为对象的实验中，研究者就观察到了这样的行为。

这样真的对吗?
或许我应该……

禀赋效应

就连蝴蝶都知道
所有权这回事!

十几岁的时候,我曾是个满怀激情的小摄影师。那时候,我每年都会在生日和圣诞节时,收到各种各样作为礼物的摄影设备。那时的我,会和爸爸一起,连续几小时待在洗照片的暗室里,热切地看着那一张张相纸上模模糊糊的影子是怎么逐渐变成人像、风景和动物的。但是后来,这样欢乐的日子一去不复返了。因为家里经济状况不好,我的摄影设备不得不被变卖,这让我特别心疼。当然,我理解父母的决定,但那可是我自己的摄影设备啊!如果这些设备只是我向爸爸借来的,即便我也使用了这么多年,卖掉它们对我来说就根本不是问题了,我也不会那么心疼,因为它们本来就不是我的。这听起来是不是很荒谬?重要的是我与心爱的东西一起度过的那些美好时光和欢愉,至于我是不是拥有它,又有什么关系呢!

话虽这么说,但你也知道,事实上可不是这样。我们一旦拥有某样东西,可就不想那么快交出来了。这种有趣的态度也引起了一些经济学家的注意,他们据此推论,拥有某件物品的人,会比想要得到这件物品的人付出更多的努力来保卫自己对该物品的所有权。这种现象被人们称为"禀赋效应",也称"所有权效应"。

与我们对不公平的敏锐感知一样,"禀赋效应"在很久以前就产生了。就连小小的蝴蝶,也会用更多的力气和耐心来抵御入侵者,保卫自己刚刚停留的那朵花。不过,在现实中,这种"保卫行为"极少导致争端,而是会让动物们更加尊重其他个体的所有权。

这种效应在生物进化过程中出现是很合乎逻辑的——战争往往伴随着重伤的风险，这与一小块食物所带来的短期利益相比，太不划算了。

在我看来，这又是一个大自然展示她真正美丽的例子，这也告诉我们，以前人类对于动物和自然的固有看法多么狭隘。

动物也知道占有物品：图中的这朵花就属于这只蝴蝶。

我的！

知识卡片

那些一直致力于研究"我们人类是否可以拥有动物"的哲学家和伦理学家，也会对本节提到的知识充满兴趣。在公众看来，或者按照我们对一般法律的理解，动物是没有所有权的概念的，因此它们对自身也不存在所有权。从这个角度来看，人类占有动物、使用动物，甚至是宰杀它们，是完全没有问题的。但是从科学的角度来看，这当然是早已过时的陈旧想法。自1980年"禀赋效应"被提出以来，我们就知道了，动物懂得占有权，所以它们拥有对自身的所有权。

人类的成功

行为中一个小小的特点，使我们人类作为一个物种取得了极其伟大的成功！

在个体层面上，我们人类的思维和感觉与很多其他动物没什么区别。这是合乎逻辑的，因为我们正是从动物进化而来，我们的祖先也曾经和那些动物一样。不过，人类行为的一个小小的特点，让我们作为简鼻猴亚目下众多分支中的一支取得了巨大的成功，这个特点就是：我们愿意合作。

↖ 你不会想到的，是吗？

如果将黑猩猩幼崽和人类儿童进行比较，我们就会明显地发现，黑猩猩不会像人类一样愿意忍受、服从于同侪压力，即来自同龄人的影响力。你可以思考一下，你真的愿意屈服于同侪压力吗？不，当然不愿意！不过，事实马上就会让你大为惊讶！

假如你是一个幼儿园里的小朋友，在大家一起玩游戏的教室里，摆着许许多多小盒子，你可以通过一个技巧打开这些盒子，并拿到盒子里的礼物，而你是唯一一个知道打开盒子技巧的人。面对这种情况，你会怎么做？黑猩猩幼崽会毫不犹疑地打开盒子，然后拿到礼物。

可人类儿童的表现却完全不同。他们会先思考：如果只有我拿到了礼物，那其他小朋友会怎么想？因为担心其他小朋友会嫉妒从而孤立自己，人类儿童往往会选择不去打开那些盒子。但是当他们觉得自己没有被其他人看到时，就是另外一回事了。在这种情况下，他们会不假思索地打开盒子拿出礼物，因为他们不必担心因此受到排挤。

我们可以看到人类儿童这种策略的正确性，正是这种对群体的考虑，让我们人类取得了一个又一个巨大的成功——我们一起修了路，一起发明了电脑，也许在不远的将来，我们还会一起飞往火星。

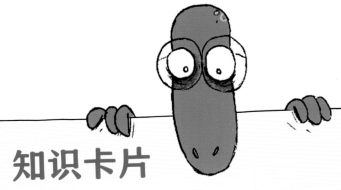

知识卡片

我们人类非常在意我们在社会交往中的表现和形象。一些社交网站的成功，与人类的这种特质有很大关系。然而，这种特质真正的好处在于，我们在极大程度上是以群体为导向的。这会让我们更多地顾及他人和群体，并不只是考虑自己。

即使我们似乎是为了自己考虑，我们的行为也常常是有利于群体的。可能说起来有些尴尬，我经常会在自己的一本新书出版之后，每隔几天就去网上搜自己的名字，每当看到关于新书的文章，我都会偷偷地开心。难道我的自信心取决于我搜索到的相关结果的数量吗？说实话，是的，至少在某种程度上是。而事实上，我也经常告诉自己，我的工作对社会中的其他人是有价值的，对每个人都是有益的。

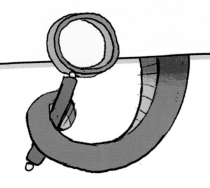

致亲爱的家长和教师朋友们

这本书里的很多内容可能会让您大吃一惊，有些甚至是和您之前所掌握的知识相矛盾的。即便是学生物学的学生，或者刚刚结束学业走上工作岗位的生物学老师，也会对书里的很多内容感到新奇和惊讶。之所以会这样，原因很简单：几乎没有一所大学会讲授现代行为生物学，而这些知识也不是生物学课程的内容。

因此，如果各位对这本书中呈现出来的一些知识点存有疑问，我也很理解。当然，如果大家对本书里的内容有疑问或建议，可以通过邮件或电话的方式与我们联

系。作为家长和老师，各位的责任是，打开孩子的思维和世界，让孩子更多地了解和探索未知。在此，我要对略文出版社表示诚挚的感谢，让我对自己的新书《动物的秘密：它们的想法和感受》以及《动物

的语言：我们怎样更好地了解彼此》进行宣传。这两册书共计 650 多页，我参考引用了近 1000 种参考文献，其中大部分是最近的科学出版物。如果您对动物这个主题依然充满兴趣，或者您需要更详细地了解本书中的某个案例，那么，本人诚挚地邀请您阅读这两本书。这两本书包含本书提到的所有内容和案例，当然还远不止于此。如果您想进行本书中提到的各种趣味实验，我也建议您去读上面说到的那两本书。我保证这肯定会让您的孩子或者学生们热情高涨，比如当你们分析出金融危机产生的原因的时候（本书第 112、113 页提及的实验）。

再次祝您读有所乐，也希望您能和孩子们一起讨论这些充满趣味和令人惊讶的问题，并享受阅读和讨论带来的美妙乐趣。

词汇表

阿尔茨海默病是一种疾病，其患者年龄通常在 65 岁以上。患有阿尔茨海默病的人会出现记忆逐渐消退以至人生记忆出现空白的症状，有时甚至会不认识自己的孩子。

测评中心会对被测评人进行一些针对某个主题或目的的测试。一些公司会请测评中心用这种方式来考核求职者。测试考核的并不是在学校里学到的各种知识，而是各种行为能力，比如抽象思维能力。

程序性记忆是一种存储程序化过程的记忆，比如关于怎样骑自行车的记忆。

抽象思维是一种通过忽略细节、识别联系而得出关于事物的一般性描述的思维过程。

多巴胺是一种内源性信使物质，常常被认为是一种"幸福激素"。但这种想法其实是错误的。多巴胺主要负责产生刺激，让你对自己正在从事的事情表现出更多兴趣。但过量的多巴胺并不是什么好事，甚

至会引发疾病。

回放实验是在扩音喇叭的帮助下完成的一种实验，比如实验者在动物面前播放呼喊声，然后观察动物的反应。

激素是由生物体内特殊细胞产生的生物化学类传导性物质，它通过血液循环到达身体的每个部位，一旦遇到相应的受体，就会触发特定的反应。肾上腺素就是一种激素，当人类或其他动物遭受攻击时，体内的一种特殊腺体便会产生肾上腺素，引发身体进入戒备状态，随后身体便会发生一系列反应，比如心跳速度加快。

记忆痕迹是大脑中各种神经细胞相互连接的产物。一段段单独的小记忆就被存储在这种互联环路中，这与在电脑硬盘中存储数据非常相似。

基因是指具有遗传效应的 DNA（脱氧核糖核酸）序列。

假说是一种有一定根据的合乎逻辑的猜想，提出假说往往是获取知识的第一步。

164

在科学界，一般会在假说的基础上提出某种理论，这种理论会包括一些定律，然后进行一般性的证明，只有这样，我们才能说这个理论是被证明了的。顺便说一下，进化论实际上依然是一个有着超过 150 年历史的理论，尽管很多人都认为它已经被证明了。

进化是指生物随着时间的推移而不断发展变化。这种发展变化是指简单的生物体演化为越来越复杂的生物体。

君主制意味着只有唯一的统治者。在君主制统治之下，国家只由一人统治，统治者获得统治国家的地位依赖于其血缘关系而不是能力。

类比对于抽象思维和逻辑思维都是有帮助的，通过类比可以发现事物的共性——有时它们只是相似，但并不完全相同。

大部分的**酶**都是蛋白质，其作用与化学反应中的催化剂类似。它们有助于化学反应的进行，而这些反应通常不会自行发生。如果没有酶，很多生化反应就无法发生，生命活动也就无法进行。

模仿是指一个动物学习另一个动物做法的

行为，也被称为"社会性学习"。

依照**内共生理论**，一个单细胞生物体吞下了另一个，但后者并没有被消化掉，而是在吞下自己的单细胞生物体中存活了下来，二者共同组成了一个新的生物体。在这个新生物体中，它们相互补给共生，由此后者便成了细胞器，比如叶绿体和线粒体。

神经递质是神经细胞之间的一种传导物质。由于神经细胞不是连接在一起的，因此信号需要通过一些化学物质从一个细胞传递到下一个细胞。谷氨酸就是这样一种物质，它是味觉神经信号的传导物质，很多生产食品的商家会在其产品比如浓缩汤中加入由谷氨酸根离子和钠离子形成的谷氨酸钠，增强味觉神经的信号传导，然后我们就会认为，食物的味道很棒。

受体是细胞表面的一种分子，等待着与之相适应的传导物质经过。一旦遇到相应的传导物质，它就会发生一种特别的反应。比如胰岛素受体，在遇到胰岛素后，它会"打开"细胞膜（细胞的"皮肤"）上的"锁"，将糖分输送到细胞之中。

损失规避是指对损失的厌恶和反感。相对于获得，我们更害怕失去，得到的快乐与

165

失去的痛苦并不能相抵，这就是损失规避的表现。

未解之谜是一种未知的事物，但其并非源于保密行为，而是源于人们无法对其进行解释。又因为无法被清晰地解释，所以它在原则上仍然是一个谜。

下颚就是我们常说的下颌骨，可以用来叼住东西，也可以帮助撕碎食物。

线粒体存在于菌类、动物和植物细胞中，其作用是将细胞中存储的糖类物质转化成细胞能量，因此它也被称为细胞的"能量工厂"。

心理理论是指生物个体理解其他个体的能力，也就是说，我们不仅考虑自己，还会考虑其他个体的想法和感受。

行为经济学是经济学的一个分支领域，致力于研究偏离纯粹理性决策的人类行为。

叶绿素是一种结构非常复杂的分子，它存在于植物的叶绿体中，帮助叶绿体利用太阳能将二氧化碳、水转化为糖分。

叶绿体和线粒体在结构方面与细菌相似，但它们都不能在自然环境中独自生存。线粒体存在于动物、菌类和植物细胞中；叶绿体一般存在于植物细胞之中，负责利用太阳能生成糖类。

遗传学是关于遗传的科学。在生物体每个细胞的细胞核中，都有一些特殊的分子，它们被称为DNA（脱氧核糖核酸），是一种存储着我们身体构建方式等遗传信息的重要物质。通过对DNA的分析，可以获得很多有关生命的重要信息。

优势者是指群体中其意志被其余个体接受，并被其余个体追随的动物。

元认知是哲学和行为生物学领域一个重要的概念。元认知是一种反思自身的能力，即思考自己的知识、情感或思想的能力。

第79页动物声音的下载方法：关注封底"浪花朵朵"公众号，回复"动物声音"即可下载。

第87页题目答案：图片A、C、F是毕加索画作，图片B、D、E是莫奈画作。哇，你和蜜蜂有着一样好的艺术感觉！

第95页题目答案：ｒｉｃｈｔｉｇｅ（德语中"正确"的意思。——译者注）。仔细看图，然后你就能找到答案。

图片版权声明

卡斯滕·布伦辛博士曾在德国基尔学习海洋生物学，随后远赴美国佛罗里达和以色列进行海豚与人类关系的研究。2004 年博士毕业于柏林自由大学，随后进入国际鲸豚保育协会（WDC）德国办事处担任科学主任长达十年之久。之后，他成为自由顾问与撰稿人。他已经成功出版了多本关于动物思维与情感的著作。同时，他还是德国环境部、欧盟和一些环境保护组织的顾问。他是倡导科学化开展动物保护工作的"个体权利倡议"联合发起人之一。除此之外，他还是两个可爱男孩的父亲，妻子凯特琳是一名科学记者，也是一名作家。他们梦想着有一天能驾船环游世界。

尼古拉·伦格尔出生于德国卡尔斯鲁厄，在普福尔茨海姆的设计学院学习视觉传达。现为自由插画师，为多家出版社和机构创作插画。自 2013 年起担任卡尔斯鲁厄的莱米泽工作室的签约插画师。特别喜欢画动物。

图书在版编目（CIP）数据

动物的头脑与心灵 /（德）卡斯滕·布伦辛
(Karsten Brensing) 著；（德）尼古拉·伦格尔
(Nikolai Renger) 绘；李柯薇译 . -- 杭州：浙江教育
出版社，2025. 1. -- ISBN 978-7-5722-8624-7

Ⅰ . Q95-49

中国国家版本馆 CIP 数据核字第 2024LZ7760 号

Title of the original German edition: Wie Tiere denken und fühlen

(c) 2019 Loewe Verlag GmbH, Bindlach

动物的头脑与心灵
DONGWU DE TOUNAO YU XINLING

［德］卡斯滕·布伦辛 著　　［德］尼古拉·伦格尔 绘
李柯薇 译

选题策划：北京浪花朵朵文化传播有限公司　　出版统筹：吴兴元
编辑统筹：冉华蓉　　　　　　　　　　　　　责任编辑：傅美贤
特约编辑：王方志　　　　　　　　　　　　　美术编辑：韩　波
责任校对：姚　璐　　　　　　　　　　　　　责任印务：陈　沁
封面设计：墨白空间·唐志永　　　　　　　　营销推广：ONEBOOK
出版发行：浙江教育出版社（杭州市环城北路 177 号　电话：0571-88909724）
印刷装订：天津联城印刷有限公司
开本：889mm×1194mm　1/16
印张：10.5
字数：105 000
版次：2025 年 1 月第 1 版
印次：2025 年 1 月第 1 次印刷
标准书号：ISBN 978-7-5722-8624-7
定价：108.00 元

官方微博：@ 浪花朵朵童书
读者服务：reader@hinabook.com 188-1142-1266
投稿服务：onebook@hinabook.com 133-6631-2326
直销服务：buy@hinabook.com 133-6657-3072